지은이 **존 다우어** John W. Dower

매사추세츠공대(MIT)의 역사학 명예교수. 하버드대에서 일본 요시다 시게루 총리 시기의 미일관계 연구로 박사학위를 받았으며, 미국의 대외관계와 일본 근현대사 연구에서 주요한 위치를 차지하고 있다. 대표적인 저서로『무자비한 전쟁: 태평양 전쟁의 인종과 무력』(*War without Mercy: Race and Power in the Pacific War*)과『패배를 껴안고: 제2차 세계대전 후의 일본과 일본인』(*Embracing Defeat: Japan in the Wake of World War II*) 등이 있으며,『패배를 껴안고』로 퓰리처상과 전미도서상 등을 수상했다.

옮긴이 **정소영**

번역가, 영문학자. 용인대 영어과 교수로 재직했으며, 옮긴 책으로『핵 벼랑을 걷다』『십자가 위의 악마』『절망의 끝에서 세상에 안기다』『일곱 박공의 집』등이 있다.

폭력적인 미국의 세기

초판 1쇄 발행 / 2018년 4월 20일

지은이 / 존 다우어
옮긴이 / 정소영
펴낸이 / 강일우
책임편집 / 이하림 성지희
조판 / 신혜원
펴낸곳 / (주)창비
등록 / 1986년 8월 5일 제85호
주소 / 10881 경기도 파주시 회동길 184
전화 / 031-955-3333
팩시밀리 / 영업 031-955-3399 편집 031-955-3400
홈페이지 / www.changbi.com
전자우편 / human@changbi.com

폭력적인 미국의 세기

존 다우어 지음
정소영 옮김

창비

야스코(Yasuko)를 위하여

책머리에

2015년 일본의 이와나미출판사에서 현시대에 대한 시사논문집 시리즈 중 첫번째를 기획하여 출간했을 때, 나는 거기에 「2차대전 이후의 전쟁과 공포」라는 논문을 기고했다. 이 얇은 책은 그 논문을 기초한 것이다.

주제는 같지만, 이 책에서는 헨리 루스라는 출판인이 1941년에 만들어낸 유명한 명칭인 '미국의 세기'로 틀을 잡았고, 심란해 보이는 '폭력적'이라는 표현을 그 앞에 붙였다. 루스의 그 용어가 큰 반향을 일으키며 유행하게 된 데에는, 전후 시기 미국이 엄청난 번영을 구가하면서 가장 강력하고 영향력 있는 나라로 등장했고 오늘날까지도 그러하다는 명백한 이유가 존재한다. 그러나 여기에는 많은 단서가 필요하다.

전후 몇십년에 걸쳐 팍스 아메리카나라는 수사가 그토록 많이 쓰이긴 했지만 미국이 전지구적 주도권이라 할 만한 영향력을 행사한 적은 없다. 1945년부터 91년까지의 '냉전' 시대에는 미국과 소련이라는 두 강대국이 ─ 더 포괄적으로 말한다면 자본주의와 공산주의/사회주의라는 두 '진영'이나 '블록' 간의 ─ 무시무시한 대결상태를 이어갔는데, 이러한 이분법적인 명명법조차도 당시 요동치던 파편화된 세계를 지나치게 단순화한 것이다.

그것만이 아니다. 1991년 소련이 해체됨에 따라 미국이 세계의 '유일한 강대국'으로 등장하게 되었음에도 21세기에 들어 미국의 세기라고 자만할 수 없게 만드는 이유들은 점점 늘어나고 있다. 냉전의 종식은 미국에게는 진정 중대한 승리였고, 사실상 그와 동시에 1991년 단기간의 걸프전에서는 미군이 이라크군을 완전히 격파함으로써 디지털식 전쟁과 정밀타격무기라는 신기원에서 미국이 절대 넘볼 수 없는 능력을 지녔음을 확고히 하는 듯했다. 하지만 이 이중의 승리는 기만이었음이 드러났다.

미국은 이미 냉전시대에 압도적인 군사력에도 불구하고 한국과 베트남에서 교착상태에 빠지거나 패했던 경험이 있으며, 1991년에서 불과 10년도 채 지나지 않은 때에 군사적 실패가 재확인되었다. 2001년 9월 11일 월드트레이드센터와 펜타곤에 대한 알카에다의 공격으로 워싱턴이

'전지구적인 테러와의 전쟁'을 선포했지만, 대중동 권역에 끝 모를 불안과 혼란만 촉발한 결과를 낳았던 것이다. 워싱턴으로서는 말할 수 없이 원통하고 낭패스러운 일이었지만, 펜타곤은 유례를 찾아볼 수 없는 기술적 우위를 갖고도 민족 중심의 비국가 세력들이 무질서하게 모여 벌이는 들쭉날쭉하고 저급한 전투에 속수무책이었다.

그리하여 우리는 고도의 수사와 어마어마한 힘, 지나친 오만함, 엄청난 망상과 함께 막대한 실패와 병적 측면을 함께 지닌, 눈이 휘둥그레질 정도의 무기를 갖춘 부유한 나라 미국이라는 모순적인 그림을 마주하게 된다. 이런 모든 문제에도 불구하고 '미국의 세기'라는 용어는 여전히 유용해 보인다. 좋든 나쁘든, 미국은 진정 막상막하인 경쟁자 없이 전세계를 주름잡고 있다. 경제적으로도 최고이고, 미국이 내세우는 이상과 그 번영된 모습은 여전히 많은 나라에는 미래를 비춰주는 등불이다. 전쟁수행(또는 평화유지)에서의 성공 여부에 대해 어떻게 평가하든지 미국의 세력범위는 여전히 인상적이다. 그렇게나 멀리 떨어진 수많은 나라에 그렇게나 많은 주둔군을 둔 경우는 세계 역사상 유례가 없다. 2010년대 기준으로 전세계적으로 80개국가 내에 주둔하는 미군부대가 거의 800군데나 되고 병력은 십오만에 달한다. 미국의 연간 군사비 지출액은 나머지 나라의 군사비를 다 합한 것보다 많다. 상상할 수 있는 가장 정교한 파괴 장비들을 유지하고 끊임없이 최신화하는 문제 — 그래서 동맹국이든 잠재적 적대국이든 마찬가지로 그에 보조를 맞추지 않을 수 없도록 하는 — 에서는 한마디로 독보적이다.

그 모든 균열과 실패에도 불구하고 이러한 군사적 탁월함은 2차대전 이후 등장한 미국의 세기의 중요한 면모다. 전후의 이 긴 세월을 관통하며 이 탁월함과 나란히 폭력 — 이 책 제목의 나머지 부분이기도 한 — 이 기저음(基底音)처럼 흐른다. 그리하여 이 책에 담긴 단순하면서도 핵심적인 하나의 관심사는 1945년 이래 전지구적인 갈등과 전쟁으로 인한 사망과 고통, 정신적 외상 등을 한데 모으는 것이었다. 이는 미국이 별 역할을 하지 않았거나 기껏해야 주변적인 역할만을 했던 대량학살이나 정치적 살해, 내전, 국지적 분쟁까지 아우른다. 미국은 미국인 대부분이 알고 있는 것보다, 혹은 그들이 알고 싶은 것보다 훨씬 빈번하게 해외에서 벌어진 폭력에 관여해왔다. 때로는 공개된 군사배치이기도 했고 때로는 유엔이나 나토(NATO, 북대서양조약기구)와의 공동작전이기도 했지만, 독자적이고 은밀한, '어두운' 작전인 경우도 많았다. 냉전 중에나 냉전이 끝난 뒤 소련이 그랬고 이후 러시아가 그랬듯이 미국 역시 대리전이나 무기판매, 독재정권에 대한 원조를 통해 폭력을 조장했는데, 하나같이 평화와 자유, 민주주의의 이름으로 행해졌다. 많은 경우 이러한 간섭주의가 반미라는 역풍에 불을 지폈고, 지금도 역시 그러하다.

전쟁과 관련된 폭력에 주목함으로써 나는 현재 학계에서 유행하는 경향, 즉 전후 시기의 상대적 평화로움을 강조하고 1945년 이후 전지구적인 폭력이 급감했다고 대대적으로 떠들어대기까지 하는 그런 경향과는 반대 입장을 보일 것이다. 그렇다고 굳이 시간을 들여 폭력 감소의 주창자들과 직접 논쟁을 벌이지는 않았다. 그들은 흥미로운 수량적 추세로 사람들의 주의를 돌리지만, 나는 세계를 그와는 다른 좀더 비극적인 방식으로 계량하고 군사적 폭력을 다양한 시각에서 검토함으로써 그것의 원인을 보여주려 했다. 이러한 검토에서 하나의 초점으로 삼은 것이 1945년에서 91년 소련의 붕괴까지의 기간인데, 전지구적으로 벌어진 죽음과 파괴의 상황을 보면 '냉전'이라는 이름은 협소하고 잔인한 농담이라고 말할 수밖에 없다.

2001년 이후로 우리는 무기력한 공포심에 시달릴 정도로 '테러리즘'에 골몰한 시대를 살아가고 있지만, 무자비한 테러의 행사가 새삼스러운 일은 아니다. 스딸린 치하의 소련이나 마오쩌둥 치하의 중국처럼 공산주의 나라에서 주로 내부의 적으로 인식된 대상을 향해 국가에 의해 자행된 방대한 규모의 테러는 그 나라들의 명성에 지울 수 없는 오점을 남겼다. 하지만 9·11 이후 테러는 주로 알카에다나 이슬람 국가, 그리고 그와 비슷한 비국가 세력들에 의해 끝없이 자행되는 극악무도한 행위의 형태로 미국인들과 전반적인 서양인들의 의식을 파고들었다. 어느 쪽이든 초점은 다른 사람들이 벌이는 테러에 놓여 있다.

그와 같은 잔학한 테러행위는 뒤에서 다루게 될 것이다. 하지만 그와 동시에 보통 금기시되었던, 미국과 그 동맹국이 자행한 국가적 테러라는 주제에도 특별히 주의를 기울일 것이다. 이는 2차대전부터 시작해서 1950년대 한국전쟁, 60년대와 70년대의 동남아시아까지 이르는 전략폭격을 포괄한다. 그 당시에는 무엇보다 적의 사기를 완전히 누르기 위해서 인구가 밀집된 도시와 마을을 노골적으로 폭격의 표적으로 삼았다. 덧붙여 냉전에 대한 장에서는 미 전략가들이 핵무기 경쟁에서 '공포의 미묘한 균형'이라고 일컬었던 문제를 다루고, 마지막 장에서는 '핵 현대화'라는 의제를 통해 이 위협적인 광기를 다시 활성화하려는 작금의 움직임에 대해 알리고자 한다. 1980년대를 다루는 다른 장에서는 라틴아메리카의 극우정권들과 반군세력들이 벌이는, 고문을 비롯한 '반공산주의' 테러행위에 미국이 지원했던 경우를 하나의 사례로 연구할 것이다.

조지 W. 부시 정부가 9·11테러 이후 '전지구적인 테러와의 전쟁'을 선포하고, 엄청난 재앙이 될 아프가니스탄과 이라크 침공을 단행했을 때, 그것은 사실 많은 사람이 주장했던 것처럼 기존의 정책 기조에서 벗어나는 일은 아니었다. 알카에다 테러리스트 열아홉명이 벌인 잔혹 행위 ― 2003년 이라크 침공 당시 적을 '충격과 공포'로 몰아넣기 위한 대규모 폭격이 서막을 열었던 ― 에 대한 과도한 대응은 본질적으로 집중폭격, 비밀작전, '어두운 면'의 활용 등 다른 나라에 개입한 경험을 통해 이미 잘 숙련된 전투기계들을 완전히 풀어놓는 일에 다름 아니었던 것이다.

이 짧은 책에 달린 긴 주석은 미국의 세기에 끊임없이 진화하는 군사기술과 그 분야의 전문용어에 대한 내 관심을 상당 부분 반영하는 것으로 볼 수 있다. 어떤 전문용어나 다 그렇지만 군사 분야의 용어 사용에서는 정책을 작성하는 데 쓰이는 언어가 말 그대로 공식화되는 경우가 많다 (군사 분야에서는 머리글자를 통한 약어가 그 정점을 이룬다). 이것이 집단사고가 되지만, 집단이란 으레 상황이나 기술적 요구 ― 냉전의 종식과 동시에 컴퓨터를 이용한 전쟁이 우세를 점하게 된 것처럼 ― 에 따라 전략을 다시 따져볼 수 있는 유연함을 지니고 있다. 많은 주석이 언어와 기술과 전략이 서로 교차하는 내부 자료에 대한 것이다. 기밀문서에서 해제된 자료와 기밀이 아닌 임무 진술서, 하급 부대의 '고문 매뉴얼', 싱크탱크의 연구, 고위급의 정책 발표, 그리고 전임 전략기획자와 CIA 정보원이 적진 한가운데에서 보고 행한 일들을 돌이켜보며 비판적이고 때로는 통렬하게 재평가하는 회고 등이 그것이다.

주석은 또한 2차대전 이후 세계에서 벌어지는 폭력의 수많은 비극적 면모에 대해 글을 쓴 여러 취재기자에게 빚진 바가 많다는 사실을 보여주기도 한다. 거기에다 이 책을 출간하는 데 탐 엥겔하트와 닉 터스가 보내준 지원도 꼭 언급해야겠다. 그들은 '탐디스패치'라는 값진 웹사이트와 더불어 예리한 글로써 비판적 보도의 높은 기준을 제시하고 있다. 1960년대에 대학원을 함께 다닌 이후부터 절친한 사이인 탐이 너그럽게 때로는 엄정하게 나의 최종 원고를 검토했고, 교열담당자인 다오 X가 여전히 남아 있는 원고의 주름들을 세심하게 펴주었다. 이 책의 모든 내용과 결점은 물론 저자의 책임이다.

2016년 9월 30일
존 다우어

차례

1장
폭력의 측정
★ ★ ★

우리는 당혹스러울 정도로 폭력적인 시대에 살고 있다. 2013년 어느 상원위원회에서 합동참모본부 의장은 세계가 '과거 그 어느 때보다 위험하다'고 말했다.[1] 하지만 통계가 말해주는 바는 다르다. 전쟁과 치사율 높은 분쟁은 2차대전 이래로 꾸준히, 상당한 정도로, 심지어 급격하게 감소하고 있다는 것이다.

현재 학계 주류는 대부분 감소 주창자들을 지지한다. 2011년에 출간된 영향력 있는 저서인 『우리 본성의 선한 천사: 인간은 폭력성과 어떻게 싸워왔는가』에서 스티븐 핑커는 40년이 조금 넘는 냉전 기간(1945~91)에 '장기적 평화'라는 이름표를, 냉전 이후부터 현재까지에는 '새로운 평화'라는 이름표를 붙였다. 그 책에서도 그렇고, 책의 출간 이후에도 논문이나 온라인상의 글, 인터뷰 등에서 그는 재앙을 예언하는 사람들을 호되게 닦아세웠다. 통계에 따르면 '오늘날 우리는 인류가 존재하기 시작한 이래로 가장 평화적인 시대에 살고 있다고 봐야 한다'는 게 그의 주장이다.[2]

분명 상식적으로 생각했을 때는, 2차대전 이후로 전지구적인 분쟁의 수나 그 치명적 성격이 감소했다는 걸 인정하면서도 '평화'라는 호사스러운 이름을 붙이지는 않는 식의 절충점을 찾아야 한다. 소위 말하는 전후의 평화라는 것이 피로 흠뻑 물들어 있을 뿐 아니라 고난으로 점철되어 있었고, 지금도 사정은 마찬가지이기 때문이다.

냉전기 전쟁에 연루된 전체 사망자의 수가 2차대전이 벌어진 6년의 기간(1939~45)의 수보다 적고 20세기 두번의 세계대전 사망자수를 합친 것보다 훨씬 적은 것이 분명하다는 주장은 일리가 있다. 그 이후로 사망자 수가 전반적으로 줄어들었다는 것 또한 부인할 수 없는 사실이다. 전후에 일어난 가장 참혹했던 다섯차례의 내전과 국가 간 전쟁—중국, 한국, 베트남, 아프가니스탄의 내전과 이란과 이라크 사이의 전쟁—이 모두 냉전 기간 동안 벌어졌으며 가장 지독했던 정치적 살해나 정치적 대량학살, 인종적 대량학살—역시 중국, 그리고 소련, 구 유고슬라비아, 북한, 북베트남, 수단, 나이지리아, 인도네시아, 파키스탄/방글라데시, 에티오피아, 앙골라, 모잠비끄, 캄보디아, 그리고 그 외 다른 나라들에서 ─ 도 대부분 그렇다. 르완다와 콩고, 그리고 시리아 내전이 증명하듯이 냉전이 끝났음에도 불구하고 그러한 잔혹행위는 분명 종결되지 않았다. 하지만 대규모 전쟁에서처럼 그 궤도가 하강곡선을 그리고 있기는 하다.[3]

놀랄 일도 아니지만 감소론은 냉전 시기가 그에 앞선 전 지구적 충돌 때보다 덜 폭력적이었고, 냉전 이후가 통계적으로 냉전 시기보다 덜 폭력적이었다고 치켜세운다. 하지만 한 세기의 4분의 3에 이르는 기간 전체에 '평화'라는 딱지를 붙여 말끔하게 내보이려는 것은 도대체 무슨 동기에서 나오는 것일까? 그 대답은 대체로 강대국에 대한 지대한 관심에서 찾을 수 있다. 냉전의 두 적대세력인 미국과 소련은 각자 핵무기를 잔뜩 쟁여놓고 있으면서도 실제 서로를 친 적은 한번도 없었다. 강대국이나 선진국 간의 문제라면 정말이지 핑커의 표현처럼 전쟁은 '거의 구시대의 유물'이 되었다고도 볼 수 있다. 3차대전은 일어나지 않았고, 일어날 가능성도 별로 없어 보이니 말이다.[4]

그런 낙관적인 정량화에는 자연스럽게 안일한 자축이 뒤따른다. (우리 인간들은 상대적으로 얼마나 선한 존재가 되었는가!) '우리가 냉전에서 이겼다'는 정서가 여전히 강한 미국에서, 1945년 이후 전지구적 차원에서 상대적으로 폭력이 감소한 것은 보통 미국의 '평화유지적' 군사력과 현명함, 미덕 등에 힘입은 것으로 여겨진다. 강경파들의 세계에서는 핵억제 — 앞서 '공포의 미묘한 균형'이라고 설명했던 냉전 시기의 상호확증파괴(MAD) — 가 재앙을 초래할 전지구적 분쟁을 미리 막았던 현명한 정책이었다며 그것을 여전히 떠받들고 있다.

◆

전후의 긴 시기에 상대적 평화의 시대라는 이름표를 붙이는 건 솔직하지 못한 일이다. 그로 인해 사람들의 관심이 과거에 실제 벌어졌고 지금도 여전히 벌어지고 있는 심각한 사망과 고통으로부터 멀어지기 때문만은 아니다. 그것은 미국이 1945년 이후로 무장강화와 대혼란을 저지하기보다는 오히려 그에 일조한 데에 얼마만큼 책임을 져야하는지를 모호하게 흐려놓는다. 미국의 주도하에 끝없이 대량살상무기의 개조 — 그리고 이러한 기술적 강박이 촉발하는 전지구적 영향 — 가 이뤄지고 있다는 사실은 대체로 무시된다. 공군력과 그 외 다른 형태의 무차별 공격에 주로 의존하는 미국식 '전투수행'(널리 알려진 펜타곤식 표현)이 지속되고 있다는 사실도 대단치 않게 여겨진다. 알게 모르게 수많은 다른 나라의 내정에 개입하여 불안을 조장하고 폭압적 정권을 지원해왔다는 사실도 마찬가지다. 2차대전 이후 폭력의 수적인 감소에만 집착하게 되면, 전후 미국의 무장강화에서 보다 교묘하고 은밀한 차원, 즉 거대하고 침략적인, 갈수록 팽창해가는 안보국가에 온갖 자원을 들이부음으로써 민간사회에 초래했던 폭력은 대부분 언급하지 않은 채 지나치게 마련이다.

이뿐만이 아니다. 전쟁과 분쟁과 참사를 수량화하다보면 엄청난 방법론적 도전에 직면하게 된다. 폭력의 감소를 주장하기 위해 제출된 자료들은 조밀하고 종종 설득력이 있으며 믿을 만한 다양한 출처가 있다. 그렇지만 사망과 폭력을 정확하게 수치로 나타내는 일은 거의 언제나 불가능한 일이라는 사실을 명심해야 한다. '전쟁 관련 초과 사망' 등에 대해 꽤나 정확한 추정치를 제시하는 자료가 있다면, 그 조사자들을 겸허함과 상상력이 결여된 사람들로 봐야 할 것이다.

셀 수 없이 많은 연구가 이루어진 2차대전을 예로 들어보자. 전지구적인 그 대결로 인한 '전쟁 관련' 총 사망자수의 추정치는 대략 5000만명에서 8000만명 이상까지 천차만별이다. (온라인 백과사전인 위키피디아에서 주석이 제법 달린 전쟁 관련 항목을 많이 접해본 사람이라면, 최고추정치와 최저추정치 사이에 그 정도의 편차가 존재하는 게 얼마나 일반적인지 잘 알 것이다.) 그 원인으로는 우선

무장폭력이 초래하는 순전한 혼돈상태를 들 수 있다. 추정치를 내는 입장에서 무엇을 셈에 넣을지 또 그것을 셈하기 위해 어떤 방식을 채택하느냐에 따라서도 추정치가 많이 달라진다. 정식 군인들의 전투 중 사망은 가장 쉽게 확인할 수 있고, 특히 이긴 편은 더욱 그렇다. 군 당국이 아군 전사자들에 대해서는 꼼꼼하게 기록했다고 믿을 수 있기 때문인데, 물론 적군 전사자는 별개의 문제다. 2차대전 때도 그랬듯이 전쟁 관련 민간인 사망자는 보통 전사자보다 훨씬 많지만 그 수를 추정하기는 훨씬 더 어렵다.

자료가 전투로 인한 부수적 피해를 넘어서 전쟁과 관련된 기근이나 질병으로 인한 사망까지 두루 다룰 수 있을까? 히로시마와 나가사키의 방사능 오염이나 베트남전쟁에서 미군이 사용한 고엽제의 경우처럼 전투 자체가 종결된 지 한참 지난 이후에 발생할 수 있는 사망이 자료에 들어갈까? 내란이나 종족 간의 분쟁, 인종적·종교적 분쟁으로 인한 사상자수를 어느 정도라도 정확하게 산정하는 일이 어렵다는 건 명백하다. 의도적이건 아니건 정부의 정책으로 인해 초래되는 수백만명의 집단 사망에서부터 독재정권이 수만명을 선별해 살해하는 일까지 각양각색인 정치적 살해의 경우도 마찬가지다. 20세기에 자행된 잔혹행위 중 대다수는 공산주의 정권에서 일어났지만, 라틴아메리카와 아프리카, 아시아, 중동 지역의 잔악한 독재정권들을 미국이 지원했다는 추악한 기록들이 광범위하게 존재한다. 그것은 미국 스스로 공언하는 기준에 비춰보면 상당 부분 범죄행위에 해당된다.

또한 그들이 주장하는 전쟁의 하강곡선과 사망자수에만 집중하게 되면 더 광범위한 인도적 차원의 재앙에 관심을 기울일 수 없게 된다. 예를 들어 2015년 중반 유엔난민기구는 '전세계적으로 박해와 분쟁, 광범위한 폭력과 인권침해 등으로 인해 자신의 삶의 터전에서 강제로 쫓겨나는' 사람의 수가 6000만명을 넘어섰고, 그것은 2차대전과 그 직후의 여파 이래 가장 높은 수치라고 발표했다. 이들 남성과 여성과 어린이의 약 3분의 2는 자국 내 다른 곳으로 추방되었다. 나머지는 난민이고 이들 중 반 이상이 어린이다.

바로 여기에 전지구적 폭력과 밀접하게 연관되면서 하강곡선을 그리지 않는 추세선이 있는 것이다. 1996년 유엔의 추정치에 따르면 전세계에서 강제로 추방된 사람의 수는 3730만명이었다. 20년이 흘러 2015년이 끝나갈 무렵 이 숫자는 6530만명으로 급증하는데, 그중 75퍼센트가 감소주의자들이 '새로운 평화'의 시기라고 일컬었던 냉전 이후 기간 중 마지막 20년 동안에 일어났다. 2015년 말까지 아우르는 그 보고서에서 유엔은 '전지구적으로 강제추방된 사람의 수는 영국의 인구수보다 많다'라고 적고 있다.[5]

민간인들에게 닥치는 다른 재앙은 강제추방만큼 가시

적이지 않다. 갈등으로 인한 가혹한 경제제재는 종종 위생과 건강관리 체계를 심각하게 침해해 유아사망률이 급등하는 원인이 될 수 있는데도, 그것은 보통 군사적 폭력의 어떤 항목에도 들어가지 않는다. 첫번째 걸프전의 일환으로 미국의 주도하에 1990년부터 13년 동안 지속된 대이라크 제재가 단적인 예다. 2003년 7월 『뉴욕타임즈 매거진』에 실린 한 기사는 그 제재에 대한 찬반 논의를 두루 다루면서도, "예전에는 충분히 생존 가능하다고 예상했던 아이들 중 적어도 70만명이 다섯살 이전에 사망"한다는 사실을 인정했다.[6] 전면전을 치르고 난 뒤 그 누가 불구가 된 사람, 고아, 과부, 혹은 2차대전이 끝난 후 일본에서 '나이든 고아'라고 불렸던, 자식 잃은 부모의 수를 헤아리겠는가?

더구나 전투병과 비전투병 모두가 겪어야 했던 사회적·심리적 폭력은 숫자와 도표에서 단지 암시만 될 뿐이다. 예를 들어 전쟁을 겪은 지역에서는 여섯명당 한명(이에 비해 평시에는 열명당 한명)이 정신질환에 시달린다고 보고된다.[7] 심지어 미군 장병에 대해서조차도, 미국이 베트남에서 철수한 지 7년이 지난 1980년이나 되어서야 그들의 정신적 외상에 주의를 기울여야 한다는 사실이 진지한 관심사가 되었다. 그제서야 외상 후 스트레스 장애(PTSD)가 공식적으로 정신건강의 문제로 인식되었던 것이다. 2001년 10월부터 2007년 10월까지 아프가니스탄과 이라크에

파병된 164만명의 미국인을 대상으로 2008년 수행된 대규모 연구에서는 "약 30만명이 현재 PTSD나 다른 주요 우울증을 겪고 있고 32만명이 파병 중에 외상성 뇌손상(TBI)을 겪었을 가능성이 높다"고 추정했다. 그 전쟁이 계속 늘어지면서 당연히 그 수는 더 증가했다.[8] 이 충격적인 자료를 가지고 분류를 인도적으로 더 확장해 가족과 공동체 같은 더 큰 집단까지 아우르거나 아예 전세계적인 폭력으로 인해 정신적 외상에 시달리는 모든 인구를 포괄한다면, 그건 통계의 범위로는 담을 수도 없을 것이다.

◆

계량되지 않는 다른 차원의 폭력이 또 있다. 전쟁, 대립, 무장강화, 그리고 말 그대로 존재론적인 공포가 시민사회와 민주주의적 실천에 끼치는 악영향이 그것이다. 이는 언제 어디에서나 사실이지만, 특히 2001년 9월 11일 월드트레이드센터와 펜타곤에 대한 알카에다의 공격에 대응해 워싱턴이 '전지구적인 테러와의 전쟁'을 선포한 이래로 특히 미국에서 두드러진 현상이 되었다.

여기서도 숫자는 말도 안 되게 도발적이다. 21세기에 테러리스트 공격으로 스러진 생명을 가지고 폭력이 감소했다는 주장을 확증하는 식으로 해석할 수 있으니 말이다. 광범위하게 인용되는 전세계 테러리즘 지수를 보면, 2000년부터 2014년까지 "6만 1000번 이상의 테러공격이 발생해 14만명 이상의 목숨을 앗아갔다고 기록되었다". 9·11테러까지 포함해서 서구 국가가 직접 겪은 것은 이 가운데 5퍼센트도 되지 않고, 사망자는 3퍼센트 정도다. 여러 언어로 발표되는 전세계 미디어의 보도를 다 합해서 정밀하게 작성된 또다른 도표는, 2000년에서 2015년까지 마흔개 이상의 나라에서 4787건의 자살폭탄테러가 벌어져 4만 7274명의 사망자를 낳았다고 적고 있다.[9]

이러한 극악무도한 테러행위는 말할 것도 없이 끔찍하고 충격적이다. 하지만 아무리 비참하더라도 숫자 자체로는 앞선 분쟁들과 비교해봤을 때 **상대적으로** 낮다. 2차대전 전문가에게는 '14만명의 목숨'이라는 추정치가 거의 섬뜩하기까지 한 여운을 남기는데, 히로시마에 떨어진 원자폭탄 하나로 인한 사망자수라고 보통 인정되는 수치와 엇비슷하기 때문이다. 그 숫자는 현재 다른 원인으로 발생하는 사망자수에 비교해봐도 낮은 수치다. 예를 들어 전세계적으로 살해당하는 인원만 해도 매년 40만명 이상이다. 미국에서는 떨어지는 물건에 맞아 죽거나 벼락에 맞아 죽을 위험이 이슬람 과격분자들로 인한 위협만큼 크다.[10]

이로써 우리는 당혹스러운 질문과 마주하게 된다. 만약 21세기의 테러리즘을 비롯하여 전반적인 폭력의 발생이 그에 앞선 전지구적 위협과 갈등과 비교해서 상대적으로 덜하다면, 미국은 왜 갈수록 무장을 강화하고 비밀스러우며 이해할 수 없는, 침략적인 '안보국가'의 모습으로 그에 대응하는 것일까? 방대한 화력을 지니고 있지도 않고 전통적인 교전의 원칙을 따르지도 않는 비국가 집단을 짜깁기한 적대세력이, 2013년 합참의장이 단언한 것처럼 우리가 사는 세계를 그 어느 때보다 더 위협적인 곳으로 만들었다는 게 정말 가능할까?

그것을 사실로 믿지 않는 입장에서 보자면, 미국이 무장화에 박차를 가하는 이유에 대한 개연성 있는 설명은 여러 방향에서 나올 수 있다. 과대망상이 미국 유전자 내에 있거나, 혹은 사실 인류에게 선천적으로 고정되어 있을 수도 있다. 아니면 그저 냉전 시기의 신경증적 반공주의가 9·11 이후 테러리즘에 대한 병리학적인 공포로 전이되었을 수도 있다. (냉전 이후 세계의 다극화된 혼란에 기가 꺾인 군 전략가들과 '방위전문가'들은 '양극성'을 본질로 했던 과거 세계에서는 과업이 상대적으로 선명했다고 종종 향수에 젖어 말하곤 한다.) 늘 있게 마련인 기회주의적 정치가, 전쟁 모리배와 더불어 민간과 군 관리 중에서 안보국가를 주장하는 보수주의자와 신보수주의자 들이 주도하는, 공포심을 조장하는 마끼아벨리식 경향이 분명 이에 가담하고 있다. 예상대로 문화비평가들은 선정주의와 파국에 중

독된 대중매체에도 비난의 화살을 돌리는데, 이제는 인터넷 소셜미디어로 인해 그것이 더 빠르게 확산되고 있다고 지적한다.

이 모든 것에 덧붙여 '강대국'으로서의, 1990년대 이후로는 지구상의 '유일한 강대국'으로서의 특별한 심리적 부담도 들 수 있겠다. 그런 상황에서 '신뢰성'은 주로 막대한 최신식 군사력의 견지에서 측정되기 때문이다. 그런 사고방식이 냉전 기간에 '공산주의를 봉쇄'하고 동맹국들에 안정감을 주었다고 주장할 수도 있다. 미국이 해내지 못한 것은 실제 전쟁에서의 승리일 텐데, 그렇다고 노력이 부족해서 그랬던 것도 아니다. 그레나다와 빠나마, 짧았던 1991년의 걸프전과 발칸반도의 경우를 제외하면 2차대전 이후로 미군은 승리를 맛본 적이 없다. 한국과 베트남, 그리고 최근 대중동 권역에서의 분쟁은 그러한 실패의 또렷한 예다. 하지만 그조차도 강대국의 지위에 따르는 오만함에는 아무런 영향을 주지 못했다. 여전히 완력만이 신뢰성의 궁극적인 잣대인 것이다.

전통적으로 미국식 전쟁은 '3D'(물리치고 파괴하고 황폐화하다 defeat, destroy, devastate)를 강조해왔다. 1996년 이래로 펜타곤이 공언한 임무는 모든 영역(육지와 바다, 하늘, 우주, 정보)에서, 그리고 전세계의 접근 가능한 모든 지역에서 '전 영역 우세'를 유지하는 것이다. 2009년 가동

되어 미 핵병기 3분의 2의 관리를 책임지고 있는 공군 지구권타격사령부는 '언제고 모든 목표지점을… 전지구적으로 타격할' 준비가 되어 있다고 공표했다. 2015년 국방부는 4855개의 물리적 '현장'—담을 둘러싼 거대한 지역부터 아주 작은 시설까지 규모 면에서 다양한 미군기지를 의미한다—을 유지하고 있고 그중 587개는 해외 42개국에 있다고 인정했다. 소규모에 때로 일시적인 시설들까지 포함하는 비공식적 조사는 80개국에 약 800개의 기지가 존재한다고 본다. 전지구에 걸친 미국의 존재감의 압도적인 특성을 보여주는 또다른 예를 들자면, 2015년 1년 동안 미 정예특전부대가 약 150개국에 배치되었고, 워싱턴이 안보 병력의 무장과 훈련을 지원한 나라는 그보다 더 많았다.[11]

미국의 해외기지는 얼마간은 2차대전과 한국전쟁의 지속적인 유산을 반영한다. 대부분은 독일(181개)과 일본(122개)과 한국(83개)에 위치했었고, 냉전의 종식과 함께 공산주의를 봉쇄한다는 본래의 임무가 사라진 이후에도 여전히 유지되고 있다. 정예특전부대의 배치 또한 냉전의 유산(베트남전 당시 '초록 베레모' 부대가 가장 유명한 예다)인데 이는 소련의 붕괴 후에 확대되었다. 전세계 나라의 4분의 3에 비밀작전팀을 파병하는 것은 주로 테러와의 전쟁의 일환이다.

당장의 이 같은 임무를 위해서는 많은 경우 해외에서 소규모의 일시적인 비공개 '연잎' 기지〔Lily Pads, 물 위에 떠 있는 수련 잎을 뜻하는데, 개구리가 수련 잎을 밟고 이동할 수 있는 것처럼 군대가 이동하기 쉽도록 요지마다 설치하는 작은 비밀기지를 뜻함 ― 옮긴이〕를 유지할 필요가 있다. 또한 많은 경우 비밀스러운 CIA의 '검은 작전'과 통합되어 있다. 2002년 이래로 무인 드론을 이용한 표적암살이라는 군사작전이 확대되고 있는 것에서도 알 수 있듯 테러와 싸우려면 테러의 행사가 수반된다. 현재로서는 이런 최신의 살인유형은 CIA와 미군이 여전히 독점하고 있다. (영국과 이스라엘이 한참 떨어져 뒤를 쫓고 있을 뿐이다.)[12]

◆

냉전 시기 핵 전략을 특징지었던 '공포의 미묘한 균형'은 사라졌다기보다는 재구성되었다. 1980년대에 광기의 정점에 이르렀던 미국과 소련의 핵병기는 약 3분의 2가량 감소했다. 훌륭한 성취이긴 하지만, 여전히 전세계에는 2016년 1월 기준으로 1만 5400기의 핵무기가 존재하고 그중 93퍼센트가 미국과 소련의 수중에 있다. 양측에는 거의 2000기에 가까운 무기가 여전히 실제 미사일이나 작전부대가 있는 기지에 배치되어 있다.[13]

다시 말해 그러한 감축으로도 지금 상태의 지구를 몇번은 날려버릴 수 있는 수단을 제거하지 못했다는 것이다. 그런 파괴는 직접적으로만이 아니라 간접적으로도 일어날 수 있는데, 예를 들어 인도와 파키스탄이 상대적으로 '별것 아닌' 핵공격을 서로에게 했을 때라도, 대재앙을 초래할 기후변화, 즉 '핵겨울'을 촉발하여 전지구적으로 광범위한 기근과 죽음을 가져올 수 있다. 현재 7개국이 추가로 핵무기를 보유하고 40개국이 이상이 '핵무기를 만들 능력이 있다'고 여겨지므로 '핵억제'가 확대되어왔다고 보기 힘들다. 계획적인 결정에 따른 것이든 우연적으로든, 미래에 핵무기가 사용될 수 있다는 불길한 가능성은 여전히 존재한다. 비국가 테러리스트들이 어찌어찌해서 핵 장비를 손에 넣은 뒤 사용할 수도 있다는 가능성으로 인해 그 위험성은 더욱 심화된다.[14]

히로시마와 나가사끼 이후로도 핵확산을 억제하지 못한 것이나 소련의 붕괴 이후 이러한 엄청난 대량살상무기들을 완전히 제거하지 못한 것에 대한 책임 소재를 따져봐야 얻을 건 별로 없다. 작금의 역사적 순간에 충격적인 사실은 전략적 현실주의라고 표현되는 과대망상증이 여전히 미국의 핵 정책을 주도하고, 미국의 예를 따르는 다른 핵 강대국들의 핵 정책 역시 주도한다는 사실이다. 2014년 오바마 정부가 표명한 것처럼, 핵 폭력의 잠재성은 '현대화'

될 것이다. 구체적으로 말하면, 미국에 1조달러(그러한 무기 생산에서 대개 발생하는 경비 초과는 포함하지 않고도)의 비용이 들 것이라고 추정되는 30년짜리 프로젝트를 의미한다. 작은 규모의 '스마트' 핵무기라는 새로운 핵병기를 완성하여 장거리 유인 폭격기, 핵잠수함, 핵탄두를 탑재한 지상형 대륙간탄도미사일(ICBM)이라는 현재 '삼인조' 수송시스템을 광범위하게 개조하겠다는 내용이다.[15]

물론 핵무기 현대화는 미국의 무력 전체에서 작은 부분에 불과하다. 군 장비가 얼마나 압도적인지 오바마 대통령은 2016년 1월 국정연설에서 유별나게 힘을 주어, '미국은 지구상에서 가장 강력한 나라'라고 단언했던 것이다. "얘기 끝. 얘기 끝. 근처에도 못 옵니다. 근처에도 못 와요. 우리의 군사비는 다음 여덟개국의 군사비를 합친 것보다 많습니다."[16]

공식적인 예산의 지출액과 예상치는 이 어마어마한 군 장비의 규모를 한눈에 보여주지만, 다시금 여기서도 숫자는 오해를 불러일으킬 수 있다. 2016년 초에 발표된 2017년 회계연도 국방 '기본 예산'은 약 6천억달러지만, 그것은 실제 경비에는 한참 못 미치기 때문이다. 핵무기의 유지와 현대화, 대중동 권역에서의 군사 교전 같은 이른바 해외의 우발 작전에 대한 '전쟁 예산', CIA와 국가안보국을 비롯한 여러 기관의 첩보활동을 지원하는 '검은 예산',

최첨단 비밀 군사작전을 위해 책정된 비용, 장애보상 비용을 포함한 '보훈' 비용, 다른 나라에 대한 군사원조, 국가 부채 중에서 군사 관련 부분에 부과되는 엄청난 이자 등등, 군대와 국방과 관련된 다른 모든 재량 비용까지 다 고려하면 실제 연간 총 지출액은 1조달러에 육박한다.[17]

그런 천문학적인 숫자는 쉽게 실감하기 힘든데, 그게 어느 정도인지를 실감하기 위해 통계학을 전공할 필요는 없다. 간단한 산수만으로도 충분하다. 30년의 핵 현대화 의제에 예상되는 비용만 해도 하루에 9000만달러 이상이고 한시간에 거의 400만달러다. '전지구상에서 가장 강력한 나라'라는 지위를 유지하기 위해 단 1년 동안 드는 1조달러라는 가격표는 하루에 대략 27억 4000만달러와 한시간에 1억 1400만달러에 해당한다.

지금껏 세계가 목격한 가장 대단한 폭력의 역량을 창출하는 일에는 이렇게 비용이 많이 드는데, 또한 이익도 따른다.

◆

1941년 2월 17일, 일본의 진주만 공격이 있기 열달쯤 전에 발행인 헨리 루스가 쓴 「미국의 세기」가 『라이프』에 실렸다. 그 글은 당시 유럽에서 진행되고 있던 전쟁과 관련해 미국이 유지하던 '중도' 입장 ── 독일과 관계를 유지하는 중에 영국에 대한 원조를 확대하는 ── 을 맹비난할 목적으로 쓰였다. 1898년 중국에서 태어나 열다섯살 때까지 그곳에서 자란, 장로교 선교사의 아들인 루스는 종교 교리의 확실성을 국제주의라는 이름으로 포장된 민족주의적 사명의 확실성으로 변형했다.[18]

미국의 참전을 반대하는 고립주의자들의 주장도 꽤 타당하다고 루스는 인정한다. 전쟁 참여가 이미 미국에서 움트는 '집단주의를 향한 전반적인 경향'을 악화시켜 결국 '우리 헌법에 담긴 미국적 민주주의라고는 그 비슷한 것도 전혀 찾아볼 수 없게 될 정도로 전체주의적인 민족사회주의가 생겨날 것'이라는 우려도 그중 하나다. 그런 우려에도 불구하고, 고립주의는 도덕적으로나 정치적으로나 파탄이 났으며 '민주주의적 이상주의'와 '법 앞의 자유'를 비추는 횃불로서의 미국의 운명을 와해하는 '바이러스'라고 그는 주장한다. 미국이 전세계의 경찰 노릇을 한다거나 모든 인류에게 민주주의 제도를 부여할 수 없다는 것은 그도 인정한 바다. 그럼에도 불구하고 '20세기의 세계가 얼마간 건강과 활력으로 소생하려면 상당한 정도는 미국의 세기가 되어야만 한다.' 그 글은 모든 미국인들에게 '세계에서 가장 강력하고 활력있는 나라로서의 의무와 기회를 전심전력으로 받아들이고, 이로써 우리가 적합하다고 보는 목적을 위해, 우리가 적합하다고 보는 수단을 동원하여 전세계에 최대한의 영향력을 행사해야 한다'고 촉구했다.

일본이 진주만을 공격하는 바람에, 미국의 운명이라고 루스가 믿었던 바대로 미국은 국제무대를 주도하는 일에 전심전력으로 나설 수밖에 없게 되었고, 그 절절한 호소를 담은 글의 제목은 냉전 시기와 냉전 이후 애국주의적 수사의 단골메뉴가 되었다. 그 호소의 중심은 선의라는 소명의 긍정이었다. 루스의 글은 공언된 이상이란 이상은 거의 다 끄집어냈는데, 그것들이 전시와 냉전 시 선전선동에서 주로 쓰이게 되었다. 자유, 민주주의, 기회균등, 자립과 독립, 협동, 정의, 자선 등 모든 이상이 '우리의 훌륭한 공업생산품과 우리의 기술력'에 힘입은 경제적 풍요로움의 비전과 짝을 이룬다. 지금의 애국주의적 주문에서 이것은 '미국 예외주의'로 지칭된다.

그보다 냉혹한, 미국의 명백한 운명의 다른 면은 물론 남성성, 즉 힘이다. 세계에서 가장 발전된, 가장 파괴적인 전쟁무기를 개발하고 배치하는 데서 지속적으로 절대적인 우위를 지니는 일. 루스는 자신의 그 유명한 글에서 '국제주의'의 이러한 측면에 관심을 보이지 않았지만, 일단 세계대전에 참여하여 승리하고 나자 그것을 열렬히 주창하기 시작했다. 새로운 공산주의 통치가 시작된 중국을 '해방해야' 한다거나, 궁지에 몰린 프랑스 식민지 군대 대신

베트남을 장악해야 한다거나, 한국과 베트남에서의 충돌을 '국지전'이 아닌 중국에 맞서는 중국 내의 더 광범위한 선의의 전쟁의 기회로 전환해야 한다거나, '전술핵무기'로 계속해서 철의 장막을 밀어붙여야 한다고 주장했다. 심지어 한때는 '러시아를 500 (또는 1000) 규모의 원자폭탄으로 도배해버릴 수도 있는' 가능성을 궁리하기까지 했다. 끔찍한 시나리오지만, 1967년 루스가 사망하기 전 1950년대와 60년대에 실제로 미국 핵병기 책임자들이 그런 계획을 광범위하고 무시무시할 만큼 세세하게 짜놓았던 것도 사실이다.[19]

'미국의 세기'라는 유행어는 물론 과장이다. 언제나 그것을 폄하하고 비판하는 사람들이 있었고, 미국이 테러와의 전쟁에서 낭패를 본 뒤 특히 그 목소리는 무척이나 요란해졌다.[20] 이 비판의 집중포화 속에서 그 구호가 신화나 환상, 망상 이상의 의미를 지닌 적은 한번도 없었다. 그것은 미국 내에 인종과 계급, 성, 특권에 따른 확연한 불평등을 덮어버렸다. 어떤 식으로든 전통적 의미의 군사적 승리란 2차대전 이후에는 대개 불가능한 희망일 뿐이다. 이른바 팍스 아메리카나 자체도 온갖 갈등과 억압이 가득하고, 공언된 미국적 가치의 교리문답을 배반하기 일쑤다. 동시에 전후 미국의 주도권은 분명 우리 지구의 한 부분에만 미쳤을 뿐이다. 무질서와 대혼란을 포함하여 지구상에서 일어나는 많은 일이 미국으로서는 통제불능이다.

그런데도 루스의 문구는 여전히 건재한데, 그렇다고 완전히 터무니없지만은 않다. 수많은 원인으로 인해 여기저기에서 폭력이 터져나와 21세기는 혼란스럽겠지만, 미국은 여전히 지구상의 '유일한 강대국'이다. 대부분의 미국인들은 여전히 예외주의의 신화에 사로잡혀 있다. 가장자리가 너덜너덜해지긴 했지만 미국의 주도권은 여전히 지배층에서는 당연시되고, 워싱턴에서만 그런 것도 아니다. 펜타곤 기획자들은 지금도 세계 모든 영역에 걸친 우세를 자신의 임무로 강조한다. 핵무기의 철저한 폐기를 달성하는 데 집중하기보다는 핵무기의 최신화에 몰두하는 워싱턴의 입장은 전혀 흔들리지 않는다. 훨씬 더 '스마트'하고 정교한 재래식 대량살상무기를 개발하고 배치하는 일을 선도적으로 해나가기 위해 거의 종교적인 헌신을 기울인다.

오바마 대통령이 마지막 국정연설에서 선언했듯이, 어떤 나라도 근처에도 못 간다. 근처에도 못 가다니. 잠재적 적대세력에게 그것은 당연히 도발이다.

2장
2차대전의 유산
★ ★ ★

2차대전이 1945년 8월에 끝났다는 데는 모두 수긍하는데, 그것이 시작된 것은 언제일까? 미국인들은 1941년 일본의 진주만 공격에 초점을 둔다. 유럽인들은 1939년 9월 나치 독일군의 폴란드 침공을 시작으로 치는데 이것이 더 타당할 것이다. 아시아까지 포괄하는 더 광범위한 그림을 그린다면, 전지구적인 민족국가 간의 대충돌은 제국주의 일본이 중국을 침공한 1937년 7월에 시작되었다고도 볼 수 있다.

역사학자들이 그 시점을 언제로 잡든, 2차대전은 말할 것도 없이 냉전 기간과 현재 세계에서 벌어지는 전쟁과 갈등을 이해하고 평가하는 시점이다. 전지구를 휩쓴 그 전쟁은 산업화된 '총력전'의 정점으로, 그 개념 자체가 2차대전 때 나온 것이다. 총력전에서 각 민족은 그 사회의 모든 물적·정신적 자원을 동원한다. 동시에 전투원이 아닌 남성이나 여성과 어린이를 포함하여 적국의 모든 부분이 적법한 공격 대상이 된다.

2차대전은 전쟁 자체도 그랬지만, 그 유산 또한 갈수록 다양한 방식으로 어마어마해졌다. 가장 우선적으로 두드러지는 것은 미국을 제외한 거의 모든 지역에서 사망과 파괴, 고통, 결핍, 격변이 지속되었다는 점이다. 전쟁이 끝났을 때 미국의 전투 관련 사망자수도 물론 비극적인 수준이었지만 상대적으로는 적었다. 미 보훈처의 공식집계에 따르면 40만 5339명이 사망했는데, 그중 29만 1557명이 '전사'였고 나머지는 '위험 상황이 아닌' 공무 중 사망이었다.[1] 미국은 또한 전쟁이 끝날 때까지 국민들이 침공당하거나 적의 폭격을 받는 일이 없었고, 전쟁 관련 용품 생산이 활성화되어 경제는 더 호황을 이루었다. 유럽이든 아시아든 소련이든, 다른 도시들은 다 폐허가 되었는데 말이다. 수없이 많은 사람이 사망했고, 수없이 많은 사람이 집을 잃었으며 그중 많은 이들이 정착할 곳을 찾아 고국을 떴다. 굶주림과 질병이 만연했고, 실업은 걷잡을 수 없이 늘어갔으며 경제적 회복은 절박한 꿈이었다. 범죄와 부패가 창궐했고, 일본과 독일 같은 패전국의 정치가들은 새로운 공인의 모습을 갖추기 위해 분주했다.

또다른 엄청난 유산은 이전의 민주주의의 승리자들이 식민지를 잃었다는 것인데, 보통은 마지못해 독립을 보장했지만 폭력과 유혈사태가 수반된 경우도 많았다. 일본 제국주의는 백인의 영향력과 지배에서 해방된 자랑스러운 새 범아시아주의를 창출하겠다는 고상한 수사를 동원하여 1937년에 중국을 침공하고, 1941년 진주만 공격과 동시에 동남아시아를 침략했다. 사실상 일본인들은 억압적이고 종종 극악무도하기까지 했던 정복자였지만, 아시아에서 그들 식민권력의 여정은 그야말로 식민주의의 종말을 알리는 것이었다. 그 종말은 영국의 경우 가장 극적이었다. 2차대전은 '해가 지지 않는' 세계제국에 종지부를 찍었던 것이다. 불난 집에 부채질 격으로 미국이 장래의 전지구적 주도세력으로 그 자리를 대신했다.

전후에 아시아에서 서구 식민주의 통치가 막을 내리는 과정은 혼란스럽고 때로 폭력적인 방식으로 진행되었다. 필리핀은 1946년에 독립했는데, 미국의 지배자들은 1916년에 해방을 약속하고 1935년에는 그것을 위한 과도적 조치를 취했다. 그다음 해에는 거의 한 세기 동안 영국 식민통치에 종속되어 있던 인도가 독립을 쟁취했다. 그런 후 곧 힌두교도와 이슬람교도 사이의 종파 분쟁으로 인해 파키스탄이 별개의 나라로 갈라져나가면서 엄청난 규모의 유혈사태를 겪게 되었다. 1949년 말까지도 네덜란드는 일본이 잠시 지배했던 '네덜란드령 동인도제도'(인도네시아)에 대한 통치를 어떻게든 다시 확립해보려고 기를 썼다. 전쟁이 끝난 후 영국은 상당한 수의 중국화교들이 말레이 원주민들과 함께 살던 말레이(말레이시아)에 다시 돌아와, 그 화교들이 주축이 된 공산주의 게릴라들에 맞서 대게릴라 작전을 맹렬하게 벌였다. '말레이 비상사태'는 1948년부터 60년까지 지속되었고, 말레이시아는 1957년까지 영연방 내에서 독립을 얻지 못했다. 프랑스는 '프랑스령 인도차이나'(베트남, 캄보디아, 라오스)에 다시 비집고 들어와 1954년까지 민족주의 토착 저항군에 군사적으로 맞섰지만, 미국이 개입하여 그 자리를 차지했고 이는 후에 베트남전이라는 재앙이 생겨날 기반이 되었다.

또한 2차대전으로 인해 3개의 주요 피점령국(한국이 1945년부터 48년까지, 독일이 1945년부터 49년까지, 일본이 1945년부터 52년까지)이 생겨났고, 격변을 거쳐 몇개국이 분단되었으며(한국, 독일, 중국, 베트남), 궁극적으로 세계 자체가 갈라졌다. '냉전'이라는 명칭이 널리 쓰이게 된 것은 1947년부터였는데, 그것은 2차대전의 결과물로 생겨났지만 대놓고 전쟁을 벌인 적은 전혀 없었던 미국과 소련 두 강대국의 대결을 강조하는 데 효과적인 문구였다.[2] 동시에 '냉전'은 미국 주도의 자본주의 영향권과 소련 주도의 공산주의 진영이 대립하는 양극화된 세계라는 이

미지를 불러일으켰다. 나토와 바르샤바협정이라는 군사적 연합이 증명하듯 그것은 전혀 터무니없는 얘기는 아니었다. 하지만 처음부터 그랬고, 돌이켜보면 더 확실히 알 수 있듯, 이런 식으로 고정된 사고구조와 용어는 냉랭한 상황과는 완전히 반대인, 주로 토착적인 문제에서 저절로 생겨난 수많은 분쟁을 좀더 섬세하게 인식하는 데 방해가 되었다.

그보다는 희망적인 방향으로 보자면, 참혹한 세계대전 이후 그런 전화(戰火)가 또다시 일어나지 않도록 전지구적 제도를 마련하는 데 주요 승전국들이 협력하기도 했다. 그런 방향에서 이루어진 초기의 조치 중 하나인 브레턴우즈 체제는 1944년 7월 뉴햄프셔에서 열린 국제회의에서 시작되었다. 그 회의의 목표는 전후 안정적인 국가 간 통화관계의 토대를 놓는 것이었고, 그 유산은 오래 지속되었다. 국제통화기금과 국제부흥개발은행(현재 워싱턴에 기반을 둔 세계은행그룹으로 확대된)이 브레턴우즈 체제의 산물이다.

전쟁의 긍정적인 유산 중에서 가장 잘 알려진 것은 1차대전의 뒤를 이어 창설되었지만 무능했던 국제연맹을 대신하기 위해 1945년 6월에 설립된 유엔이다. 유엔 본부는 국제연맹의 본거지가 제네바였던 것과 달리 뉴욕시에 자리했다. 유엔의 초기 업적 중 가장 인상적인 것이라면

1948년 12월에 있었던 세계인권선언의 채택을 들 수 있다.

또한 전쟁이 끝나자 징벌적 적개심과 이상주의적 열망이 묘하게 뒤섞이면서 전범재판이라는 선구적인 형태가 나타났다. 1945년 11월부터 46년 10월까지 열렸던 4개국의 뉘른베르크 전범재판이 본보기가 되어, 그 뒤로 토오꾜오 재판으로 알려진 11개국의 극동 지역 국제군사재판이 1946년 6월부터 48년 12월까지 있었다. 사법개혁도 놀랄 만했다. 처음으로 개별 지도자들에게 국가의 행위에 대해 책임을 지웠다. 게다가 더욱 범위를 넓혀서, 전통적인 전쟁범죄 외에도 침략전쟁 수행에 대한 공모, 평화를 저해하는 범죄, 반인륜적 범죄(살인적인 나치 강제수용소처럼)라는 범죄의 세 범주를 재판과정에서 새롭게 소급 적용했다.

이러한 절차에는 국제법상으로 책임을 묻는 선례를 남기면 이후 침략전쟁이 방지되리라는 진심 어린 희망이 다분히 담겨 있다. 하지만 이는 곧 이중 잣대와 승자의 정의를 행사하는 것이기도 했다. 예를 들어 토오꾜오 재판의 네덜란드 재판관이었던 베르트 뢸링은 후에 그런 절차에서의 '부당한 측면'과 '심각한 잘못'을 인정했는데, 그러면서도 그 재판이 '인류가 절박하게 필요로 했던 법적인 발전', 즉 '전쟁을 금하고 그것을 범죄적 공격행위'로 여기는 결정적인 진전을 이루는 데 기여했다는 믿음을 견지했다.[3] 예상대로 그런 높은 이상은 전혀 실현되지 못했다. 결과적으로 봤을 때, 전쟁이 끝난 지 얼마 안 된 그 당시 재판관의 자리에 올라앉아 있던 승전국들 중에서 자신들이 새로 만들어 패전국들에게 적용하던 그 법이 자신들에게도 적용될 수 있다는 사실을 진지하게 고려해본 나라는 하나도 없었다.

전쟁이 남긴 다른 유산들은 다소 보이지 않게 스며들었다. 그런 유산 중 하나가 집단적 기억이다. 좀더 구체적으로 말하자면 끊임없이 영향력을 발휘하며 현재의 정치를 왜곡하는 민족의, 그리고 민족주의적인 전쟁의 기억 말이다. 여기서 우리는 신화의 창작과 인위적 조종, 특정 지역의 애국적인 정체성의 '구성'이라는 비밀스럽고 심오한 영역으로 들어가게 된다.

다른 방향으로는 2차대전을 통해 인류는 전쟁의 성격 자체를 바꿔버린 새로운 파괴기술의 출현을 목격하게 되었다. 물론 미국이 1945년 8월에 히로시마와 나가사끼에 떨어뜨린 원자폭탄이 가장 유명하지만, 그것은 핵무기 개발이라는 총력전을 위한 총동원 중에서 작전상으로, 그리고 기술적으로 생겨난 놀라운 범위의 혁신을 한눈에 보여준 것일 따름이다.

예를 들어 원자폭탄은 고속 전투기와 급강하 폭격기, 그리고 고성능 소이탄을 나르는 중형 폭격기와 중(重)폭격기를 아우르는 공군력의 혁명에 정점을 찍은 것일 뿐이었다.

이러한 개발과 더불어 전함보다 항공모함이 우위를 가지게 되고, 레이더와 무선통신과 폭격조준기에서의 혁신도 동반되었다. 어느 군사역사학자가 '총력전의 최고수단'이라고 일컬었던 전략폭격 정책 역시 뒤따랐다. 2차대전 중에는 미국과 영국만이 전략폭격을 핵심 전략으로 채택했다. 그것은 1942년 독일을 상대로 실행되었고, 1945년 미국이 일본을 상대로 벌인 집중폭격 작전에서 정점을 이루어, 히로시마와 나가사끼에 원자폭탄을 떨어뜨리기 전까지 64개 도시를 완전히 초토화했다.[4]

이러한 공군 작전에서는 기술과 기술관료, 그리고 도덕관념의 부재가 함께 손을 맞잡고 나아갔다. 미국이 일본에 융단폭격을 개시할 때쯤에는 '산업전쟁'과 심리전이 단단히 결합되었고, 일부러 인구가 밀집된 도심 지역을 표적으로 삼아 적의 사기를 파탄내는 것이 기본적인 작전 절차가 되었다.[5] 미 공군은 2차대전의 이 극악무도한 유산을 후에 한국과 인도차이나 국민들에게도 이어갔다.

전쟁이 끝날 때쯤, 전시의 혁신기술 목록에 네이팜탄이 추가되었다. 광범위하게 이용하기에 좀 늦긴 했지만 제트기도 추가되었고, 독일은 최후의 발악으로 'V-1'과 'V-2' 로켓을 동원했는데 그것을 원형으로 해서 전후 미사일이 나오게 될 것이었다. 주요한 기술개발은 탱크나 장거리포 같은 다른 무기에서도 있었지만, 페니실린을 포함한 의학

기술에서도 생겨났다. 정보수집과 암호해독, 그리고 다른 작전과 결부되어 미국과 영국에서 기초적인 현대 컴퓨터가 처음으로 개발되었다. 이와 함께 정보이론과 자동기계 부문의 핵심적인 초기 발전도 이뤄졌다.

2차대전은 이런 기술발전뿐 아니라 군사기관과 정부기관, 대학, 민간 부문을 하나로 융합함으로써 전후 전략가들에게 구조적인 혁신과 모범을 남겨주었다. 한 예가 '운영 분석'의 개발로서, 통계학자와 수학자 등이 한데 모여 새로운 무기를 어디서, 언제, 어떻게 사용할지 계획을 세우는 것이다. 공공 부문과 민간 부문의 융합을 보여준 더 극적인 예는 원자폭탄을 개발한 맨해튼 프로젝트였다.

2차대전에서 냉전으로 넘어가면서 미국의 강력한 '군산 복합체'(보통 이 용어는 1961년 아이젠하워 대통령의 퇴임연설에서 나왔다고 본다)의 위험성에 대해 경고의 목소리를 높이는 것이 유행이 되었다. 미국의 군산 복합체는 사실 단지 군사 부문과 산업 부문 정도가 아니라 더 광범위했지만, 어쨌든 그런 식의 융합은 특별한 전후 개발품은 아니었다. 총력전을 위한 동원에서 나온 또 하나의 유산일 뿐이었다.[6]

모든 주요 국가들이 전쟁을 위해 물적·인적 자원을 동원했지만, 미국만큼 그것을 효과적으로 했던 나라는 없었다. 힘이 막강하기도 했지만 지리적으로 안전한 위치라는 덕을 본 미국만이 전사자들을 제외하고는 거의 피해 없이 전쟁을 끝낼 수 있었던 것이다. 이 특별한 전쟁의 유산이 지닌 중요성은 아무리 강조해도 지나치지 않다. 2차대전은 1929년까지 거슬러 올라가는 전지구적 공황으로부터 미국을 단지 끄집어내기만 한 것이 아니었다. 그것을 통해 미국은 전세계에서 단연코 가장 번영한 나라이자 가장 발전한 군사력을 가진 나라로 확고히 자리 잡았던 것이다. 그 나라의 앞길에는 승리뿐이었고 자신감과 독선이 하늘 높은 줄 모르게 되었다.

3장
냉전의 핵공포

★ ★ ★

　나중에 안 일이지만 승리주의와 독선은 지속적이고 깊은 불안감이라는 어둡고 모순적인 이면을 지니고 있었다. 그것은 병적인 증상에 가까웠고 절대 사라지지 않았다. 전후 미국이라는 거대괴물은 본질적으로 조울증적이어서 어떤 물질적 기준에 비춰봐도 압도적으로 강력하고 오만하기 짝이 없으면서도 두려움에 차서 불안해했고, 지금도 여전히 그렇다.[1]

　군 기획자들이 보기에 이는 불리한 조건이라기보다는 활용해야 할 역설이었다. 존재를 위협하는 불길한 적들에 대한 공포는 거대한 군 장비에 대한 지원을 계속해나가는 정치적 요구에 마중물이 되어주었다. 높은 수위의 불안감은 정치가와 대중을 동조하게 만드는 제어장치였다. 1960년대에 존 F. 케네디가 대통령 선거유세에서 '미사일 격차'를 허위로 상정했을 때나 80년대에 레이건 정부가 소련의 해체 당시에 그러했던 것처럼, 체감된 위협요소를 과장하는 것, 아니면 적어도 가장 극단적인 최악의 시나리오에 대응할 태세를 늘 갖추고 있어야 할 필요성을 주장하는 것은 득이 되었다. 거기에는 수많은 일자리들이 걸려 있다. '안보'에 투자한 수많은 공공단체나 민간단체도 그렇고, '방위' 관련 산업체들의 이익도 그렇다.

체제에 내장된 극도의 불안정성은 기술적 변화뿐 아니라, 특히 미 공군에서 두드러지는 3군의 재원 경쟁에 의해 더욱 격화된다. 동시에 어떤 경우 군 고위층에서는 핵 위협의 형식으로 극도의 심리적 불안정을 보이는 게 바람직하다고 제안하기도 했다. 예를 들어 베트남전쟁 중이던 1969년 10월 리처드 닉슨이 대통령으로 있던 백악관에서는 미국이 하노이에 핵공격을 하겠다고 위협하는 모습을 내비치는 '덕 훅'(Duck Hook) 작전이라는 일시적인 비밀 작전을 짠 적이 있었다. 닉슨의 수석 보좌관 중 한명이었던 H. R 홀드먼은 대통령이 자신에게 이렇게 말했다고 후일 회고했다. "닉슨이 공격하겠다고 협박하면 그게 뭐가 되었든 그들은 믿을 거야. 왜냐하면 닉슨이 하는 거니까. (…) 그게 광인 이론이라는 거야, 밥. 전쟁을 끝내기 위해서라면 내가 무슨 짓이라도 할 수 있는 그런 지경에 이르렀다고 북베트남 사람들이 믿기를 바라는 거지."'광인' 이론이 핵 기획자들에게 영향을 끼친 것은 이것이 처음도 아니고 마지막도 아니었다. 합리적인 전쟁수행과 비합리적 전쟁수행 사이의 경계를 판별하는 일이 항상 쉽지만은 않았던 것이다.[2]

물론 이렇게 오만과 공포, 호전성과 엄포가 뒤섞여 발전된 것은 1945년부터 89년 베를린장벽의 붕괴 때까지, 그리고 2년 후 소련의 해체 때까지 지속된 냉전이라는 환경 속에서였다. 이때는 1949년 소련의 핵실험에 뒤이어 무기 경쟁이 시작되면서, 긴장이 팽배한 진정 위험천만한 시기였다. 미국에서는 1953년 10월 아이젠하워 정부가 공식화했던 전략인 '광범위한 보복'이라는 개념(국가안보회의 자료인 NSC 162/2)에 의해 핵무기 증강이 일찍부터 합리화되었다.[3] 뒤를 이어 1960년대에는 '상호확증파괴' 원칙이 제도화되어, 잘 어울리는 뜻의 심란한 약어 MAD로 널리 알려지게 되었다. 이런 원칙들이 모두 핵억제라는 지배적인 근본원리하에 펼쳐진 것이다.

광범위한 보복은 본질적으로, 예정된 핵공격이 적국의 인구밀집 지역을 표적으로 삼아야 한다고 가정함으로써 2차대전 당시 이뤄졌던 독일과 일본 도시에 대한 영·미의 폭격을 새로운 차원으로 끌어올렸다. 군시설이나 산업시설이 주요 표적인 경우에도, 엄청난 민간인 사상자를 유발할 가능성이 있다면 그것은 핵공격 억제를 위한 아주 바람직한 일로 여겨졌다. 예를 들어 MAD가 공표한 목표는 적이 핵으로 '일차 공격'을 감행하면 그에 완전히 파괴적인 '이차 공격'으로 응수할 역량을 지니는 것이다. 하지만 적의 공격력에 조금이라도 허술한 면이 보이면 선제 타격을 부추길 수도 있었다. 미국의 영향력 있는 핵 전략가인 앨버트 월스테터는 1959년 한편의 글을 발표했는데, 이 글에서 자주 인용되는 표현에 따르면 미국과 소련의 핵 대결은 '공포의 미묘한 균형'에 이르러 있었다.[4]

'미묘한'이라는 표현이 절제되고 점잖은 느낌을 주지만, 광범위한 보복의 현실은 적나라했다. 이는 초기 핵 기획에 대한 일급 기밀문서의 봉인이 해제되면서 충격적일 만큼 구체적으로 모습을 드러냈다. 예를 들어 1956년 6월자 전략공군사령부(SAC) 전쟁계획인 「1959년의 원자핵 무기 소요 연구」는 당시 활용 가능한 핵무기 장착 폭격기와 제한된 사정거리 미사일에 중점을 두고 있다. 그 연구는 주요 군사 표적에 주로 수소폭탄을 사용하여 소련 공군력을 파괴해야 한다고 주장하지만, 또한 원자폭탄으로 도시산업 표적과 '인구' 표적에 대한 '체계적인 파괴'가 필요할 수도 있다고 예상하고 있다.

총 800쪽에 달하는 분량의 SAC 계획은 동독에서 중국에 이르기까지 소위 소비에뜨 진영 내에서 1200개 이상의 잠재적 표적 도시를 열거한다. 대상이 될 만한 '지정된 그라운드 제로'(DGZ)만 해도 대략적으로 3400개가 넘는데, 모스끄바에 약 180개, 레닌그라드에 145개, 동베를린과 그 주변에 91개, 그리고 베이징에 23개 등이다. SAC는 또한 이 기회에 60메가톤급 수소폭탄(즉 6000만톤의 TNT에 해당하는)을 군 장비에 포함할 것을 촉구하고 있다. 이 단 하나의 무기만으로도 히로시마에 떨어뜨린 폭탄의 4000배에 달한다.[5]

소련의 660기 탄두에 비해 1956년에 미국이 비축한 핵무기는 대략 3620기의 핵탄두에 달했다. '메가톤 양'으로 따지면 미국에 91억 8900만톤, 그리고 소련에 3억 6000만톤에 해당하는 TNT가 있었던 셈이다. 5년 후 추정된 비축량은 미국 2만 2229탄두(1만 948메가톤), 소련 3320탄두(3420메가톤)로 증가했다. 미국이 압도적으로 우세한 형국이었지만, 그럼에도 불안을 없애는 데는 전혀 소용이 없었다.[6] 동유럽에 위치했지만 1948년부터 미국과 동맹을 맺고 있던 서베를린의 지위를 두고 오래도록 심화되어온 미소 간의 긴장이 극도로 고조되어 두 강대국이 위험천만한 수준의 무력시위 직전까지 이르게 된 것이 바로 같은 해인 1961년이었다. 이러한 대결국면은 그해 8월 동유럽의 공산주의 정부가 동서 베를린을 가르는 악명 높은 베를린장벽을 세우기 시작하면서 정점에 이른다.

미국 핵 기획자들은 SAC의 종말론적인 1956년 연구를 최신화하며 베를린 위기에 대응했다. 1961년 6월 합동참모본부에서 작성한 일급기밀 메모는 발사 준비가 되어 있는 모든 핵무기로 공격을 감행한다면 소련 내 199군데의 대도시와 중소도시가 표적이 될 것이고 낙진으로 인한 경우까지 포함하여 예상되는 사망자는 약 8000만명이 될 것으로 예측하고 있다. 핵무기를 '모두 동원'한다면 295개 도시를 치게 될 것이고 추정되는 사망자는 1억 1500만명에 이르리라 적고 있다. (핵전쟁이 기후변화를 촉발하여 전지구적인 '핵겨울'이 발생할 가능성을 과학자들이 인지한 것은 1980년대나 되어서였다.)

1956년 연구에서처럼 이 가상의 공격은 소련에 국한되지 않았다. 발사 준비가 되어 있는 핵무기 공격의 경우 유럽 내 소련의 '위성국가' 6개국에서 140만명의 사망자를 발생시킬 것이고 핵무기를 모두 동원했을 경우에는 최대 400만명에 이를 것인데, 폴란드의 경우 당시 인구의 절반 이상에 해당할 것이라 예측했다. 중국은 1964년까지는 핵무기 실험을 하지 않았지만 미국의 공격이 '붉은 중국'에까지 이르리라는 점 역시 분명했다. 준비된 핵무기로는 49개 도시를, 모두 동원했을 때는 78개 도시를 치고, 예상되는 사망자는 각각 6700만명과 1억 700만명이 될 것이라 보았다.

소련이 핵으로 보복을 감행하면 '미국도 심각하게 피해를 입어 수백만명의 사망자가 발생하고 즉각적인 전쟁 지원 역량도 거의 남지 않을 것'이라는 데에 '대체로 의견일치'가 있었다는 사실을 인정하는 메모도 있다. 그럼에도 불구하고 '미국은 여전히 지속 가능한 탄탄한 나라로 건재할 것이고 궁극적으로는 승리할 것이지만, 소련은 그렇지 못할 것'이라고 보았다.[7]

◆

이러한 예측은 초기 핵전쟁의 기획을 부추겼던 신경증을 알려주는 동시에 히로시마와 나가사끼에서 20만명 이상의 사상자를 냈던 두개의 원자폭탄이 얼마나 순식간에 원시적이고 별 볼 일 없는 게 되어버렸는지를 일깨워준다. (일각에서는 이런 규모의 무기는 이제 '핵 폭죽'이라고 부르기도 한다.)

히로시마 원자폭탄의 파괴력은 TNT 1만 5000개의 위력에 해당하고, 그것은 2차대전 당시 사용되었던 가장 강한 재래식 폭탄의 약 1500배에 달했다. 1954년 비키니 환초에서 있던 미국의 '캐슬 브라보' 수소폭탄 실험 — 한 일본 어선이 방사능에 노출되어 어부 중 한명이 곧 사망한 것으로 악명 높은 — 은 이미 히로시마 폭탄보다 천배는 더 강력한 1500만톤(15메가톤)의 위력을 갖고 있었다.

60메가톤급 수소폭탄을 만들고자 했던 SAC의 바람은 실현되지 못했다. 그런데 1961년 10월 베를린 위기가 고조되었을 당시 소련에서는 지금껏 터뜨렸던 가장 강력한 수소폭탄인, TNT 50메가톤급의 위력을 지닌 '짜르 폭탄'을 실험했다. 그것은 히로시마 폭탄의 3300배 이상이고 2차대전 전체에 걸쳐 사용된 폭탄의 파괴력의 15배 이상에 이르는 것이었다.[8]

1945년과 92년 사이에 미국은 지상, 지하를 합해 1054번의 핵실험을 수행했고, 65가지 다른 종류의 탄두 7만기를 생산했다. 그것은 탄도미사일과 크루즈미사일을 포함하여 약 115가지의 각각 다른 무기 체계에 맞추어 제작되었다. 그 상대인 소련 쪽에서는 1949년 첫 실험 이후 715번의 실험을 하고 총 75가지 유형의 약 5만 5000기의 탄두를 생산했다.[9]

1991년 냉전이 끝났을 때 소련의 핵 비축량은 총 집계된 탄두 수에서 미국보다 많았다(대략 각각 3만 4600기와 2만 400기). 총량에서 소련이 미국을 역전한 현상은 1970년대 중반에 일어났는데, 소련이 서쪽 전선에서 분쟁이 발생했을 때 배치할 전술핵무기에 집중함으로써 생겨난 결과였다. 그와 반대로 미국의 핵 기획가들은 모든 공산주의 진영을 대상으로 한 '전략핵탄두'를 생산하는 데 중점을 두었다. 1989년 베를린장벽이 무너졌을 때 미국은 1만 2780 기의 전략핵탄두를 보유한 것으로 추정되었고, 이에 비해 소련은 1만 1529기였다. 1991년쯤에는 그 숫자가 각각 9300과 9202가 된다.[10]

1960년대 초부터 미국은, 그리고 이어서 소련도 다양한 단거리, 중거리, 장거리 수송 시스템을 개발했다. 그중에서 전략 임무의 핵심이라 할 마지막 시스템은 지상·항공모함형 폭격기, 지상형 대륙간탄도미사일(ICBM), 잠수함 발사형 탄도미사일(SLBM)이라는 삼인조로 구성되었다. 1970년대에 이르러서는 두 강대국 모두 다탄두 미사일(MIRV)을 도입했다.[11]

◆

소련과 중국 공산주의를 '봉쇄'하는 핵심 요소로 상당한 정도의 미국 병기가 해외에 배치되어 있었다. 1990년대 말 (심한 교정을 거친 뒤) 기밀 해제된 1978년의 펜타곤 일급기밀 문서를 보면, 미국은 18개 주권국가 그리고 과거 혹은 현재의 미 영토나 피점령국 9개국인 27개 지역에 38가지 유형의 핵무기를 쌓아두고 있었다. 1955년에 처음 나토 국가 내에 배치되기 시작한 핵무기는 1960년에 3000기, 1965년에 6000기로 증가했고 1971년에 7300기로 그 정점을 찍었다. 그중 대략 반 정도가 독일에 위치해 있었는데, 핵탄두만 해도 그 땅에만 각기 다른 21가지 종류가 배치되었다.

1954년과 74년 사이에 미군은 1945년 태평양전쟁 이후로 내내 실질적인 미국 점령지였던 오끼나와에 19가지 다른 종류의 핵무기를 쌓아놓았다. 국방부 연구에서 나온 '태평양 연안' 도표에 따르면 1963년부터 70년까지 오끼나와 내에 있던 무기는 총 1000기 이상이었다(1967년에 1287기로 절정을 이루었다). 그중 상당수가 카데나 공군기지에 있었다. 일본의 다른 지역의 경우, 핵분열성 핵심물질만 빠진 핵무기들이 미사와와 이따즈께의 미 공군기지에(그리고 아마 다른 네군데 기지에도) 보관되어 있었고, 핵무기를 수송하는 미 군함이 사세보와 요꼬스까의 대 군항(軍港)에 정박해 있었다. 1956년 말, '극동군 사령부의 핵무기 작전'에 대한 기밀문서에는 핵무기나 그 부품을 이미 보관하고 있거나 전쟁이나 다른 위기의 시기에 그 무기를 옮길 곳으로 예정해놓은 일본 내의 장소 13군데가 열거되어 있다.

기밀에서 해제된 다른 문서들도 미국이 오끼나와의 카데나 기지뿐 아니라 토오꾜오 외곽의 후츄우와 요꼬따 공군기지에서도 극동 지역의 핵전쟁을 구상했음을 분명히 보여준다. 일본의 '평화헌법'에도 불구하고, 그리고 핵무기가 실제로 사용된 유일한 나라로서 국민들 사이에 반핵의 정서가 아주 강한데도 불구하고, 1960년대 초에 일본 공군자위대는 핵무기 관련 과정이 포함된 미군과의 합동 군사훈련에 참여했다. 미국이 1970년대 초에 대부분의 핵 병기를 아시아에서 철수하기는 했지만, 여전히 일본 항구를 이용하는 핵무장 군함들은 거기 해당되지 않았다. 그런 훈련을 할 때마다 일본 정부는 거의 언제나 표리부동하게 그에 공모하여 그런 활동을 모른 척하거나 그런 사실을 알지 못했다는 입장을 보였다.

1950년대에는 또한 괌과 이오섬, 오가사와라 제도의 치치섬, 남한, 대만, 필리핀에도 핵무기가 배치되었다(치치섬과 이오섬의 작은 섬들은 미군의 지배하에 있다가 1968년 일본에 반환되었다). 1961년 아이젠하워 행정부 말기에 추정된 바에 따르면 태평양 지역에 전반적으로 배치된 무기의 총 규모는 1700기를 훌쩍 넘었다. 1963년에는 2300기로 늘어나더니 1967년에 3200기가량으로 정점을 찍었다. 대부분이 오끼나와에 있었고 한국이 그 뒤를 이었다. 그 무기들은 오끼나와의 경우 일본이 그곳을 돌려받은 1972년에, 대만은 1974년, 필리핀에서는 1977년에 철수했다. 한국에는 1991년까지 남아 있었다.[12]

또한 미국은 1946년과 62년 사이에 마셜 제도와 다른 태평양 한가운데 지역을 포괄하는 태평양 무기실험장에서

105회의 실험을 치렀다. 그 실험들은 미국이 했던 전체 핵실험의 약 10퍼센트에 불과하지만, 그중 많은 경우에 비교할 수 없을 만큼 폭발력 높은 고방사성 수소폭탄이 포함되었다. 결과적으로 태평양에서 이뤄진 핵실험의 폭발력은 총 메가톤으로 치면 다른 모든 미국 핵실험을 다 합한 것보다 훨씬 높다.[13]

◆

갈수록 강력한 핵폭발이 발생할 수도 있다는 전망과 더불어 방사능 낙진에 대한 전지구적인 우려가 강해지면서 1963년에 부분적 핵실험금지조약(LTBT)이 체결되었다. 따로 설명이 필요 없을 이 합의문의 공식 명칭은 '대기권과 우주 공간과 수중에서의 핵실험을 금지하는 조약'이다. 합의에 이르기까지 길고 힘든 협상이 이어졌다. 시작은 비키니 환초에서 '캐슬 브라보' 수소폭탄 실험이 있었던 다음해인 1955년까지 거슬러 올라간다. 최종 합의는 두 강대국이 핵전쟁을 벌일 뻔한 일촉즉발의 순간까지 갔던 1962년의 경악스러운 꾸바 미사일 위기 이후에야 이루어졌다. 미국과 소련, 그리고 1952년에 핵무기 보유국이 된 영국의 대표들이 모스끄바에 모여 LTBT를 조인했다. 1960년과 61년에 네차례의 핵실험을 했던 프랑스는 30년이 지난 다음에야 협정에 서명했다.

대기권과 수중에서의 핵실험 금지로 인해 다른 장소들과 함께 태평양 무기실험장에서의 실험은 종결되었다. 하지만 지하 실험에는 영향을 끼치지 않았고, 앞으로의 핵탄두 생산에 대해서도 아무런 제한을 두지 않았다. 후에 미 국무부도 인정했듯이, 그 조약은 "핵무기의 개발과 확산에 실제로 큰 영향을 주지는 않았다". 하지만 분명 "미래의 군축을 위한 중요한 선례"를 확립하기는 했다.[14]

중국이 1964년에 핵실험에 성공하면서 핵무기 보유국은 다섯개국이 되었다. 4년 후 '핵무기비확산조약'의 조인 과정이 시작되었고 이는 1970년에 시행되었다. 보통 '비확산조약'(NPT)으로 알려진 이 조약에는 몇가지 두드러진 특징이 있다. 그것은 다섯개 핵강대국의 독점적인 핵무기를 동결하고자 했으며, 다른 나라들에도 핵무기를 개발하거나 다른 방법으로 핵무기를 획득하지 않겠다고 서약할 것을 요청했다. 그리고 핵기술의 평화로운 이용을 증진하기 위해 핵보유국이 다른 나라들을 지원하기로 했다. NPT의 서문과 본문의 6조는 '핵 군축'이라는 궁극적인 목표와 '엄격하고 효과적인 국제적 통제하의 전반적이고 완전한 군축에 대한 조약'을 진심을 다해 추구하는 데 전력을 다할 것을 못 박았다. 하지만 이후 몇십년간의 상황은 그것이 한갓 몽상이었음을 보여주었다.

NPT는 미소 간의 핵무기 경쟁을 끝내지도 못했고, 다른 나라들의 핵무기 획득도 방지하지 못했다. 21세기에 들어 5개국이었던 핵보유국에 이스라엘(아마 1960년대 중반부터였겠지만 절대 공식적으로 인정하지 않았다), 파키스탄과 인도(1970년대에 시작하여 1998년에 양국이 공식적으로 핵실험을 했다), 그리고 북한(2006년부터)이 가담했다. 2015년 초 기준으로 190개국이 NPT에 가입해 있지만, 이스라엘과 인도, 파키스탄은 한번도 조약을 조인하지 않았고, 북한은 2003년에 탈퇴했다.

그렇지만 비확산이라는 이상은 실질적인 영향력을 가졌다. 적어도 핵무기를 보유하고 있거나 핵무기 생산을 위한 계획을 구상, 실험하고 있던 24개국이 국내외적 압력에 의해 결국 NPT에 가입했다. 여기에는 1970년 이전까지 이집트와 이딸리아, 일본, 노르웨이, 스웨덴, 동독 등에서 진행 또한 고려 중이었던 개발계획이 포함되었다. 1970년 이후로 아르헨띠나와 호주, 브라질, 캐나다, 루마니아, 남아프리카공화국, 남한, 스페인, 대만, 유고슬라비아가 추가되었다. 예전에 소련에 속했던 벨라루스와 까자흐스딴, 우끄라이나 3국은 소련이 붕괴하면서 자국이 보유하게 된 핵무기를 포기했다. 중동에서는 이라크(1991)와 리비아(2003)가 국제적인 압력에 굴복하여 자신들의 핵무기 프로그램을 종결했다. 이렇게 고무적인 포기의 이면에는, 핵기술의

'평화로운' 획득을 장려하다보니 마음만 먹으면 자신들의 핵 관련 기술을 어느 정도 무기 생산으로 전환할 역량을 갖게 된 수십개국이 생겨났다는 사실이 있었다. 미 군축협회(ACA)에 따르면 2014년 3월 기준으로 그렇게 '핵 역량을 지닌' 나라들이 적어도 44개국은 된다.[15]

소련의 붕괴와 냉전의 종식은 공포를 통한 핵 균형을 분명 바꿔놓았지만 완전히 없애지는 못했다. 냉전 이후 사태의 진전에서 알 수 있듯이, 정치와 이데올로기, 인간 본성, 기술적 요구 등 모든 것들이 작용하여 그것을 불가능하게 만들었던 것이다.

◆

이 같은 대량살상무기들은 워낙에 무시무시했기 때문에 그것의 사용을 꺼리는 '핵 금기'의 영향력이 결국 갈수록 강해졌다. 핵무기를 재래식 병기와 마찬가지라고 보는 것에 대한 반감은 단지 핵억제에 대한 사고방식 변화만이 아니라 도덕적 비난의 물결이 거세어진 상황도 반영했다. 다른 한편으로는 2차대전 이후 몇십년 동안 핵 보복에 대한 두려움으로 인해 미국과 소련의 무기 경쟁은 무분별한 수준까지 걷잡을 수 없이 치달았다. 두 강대국의 무기를 합한 숫자는 1980년대 중반에 정점을 이루어 6만 탄두를 훨씬 넘었다. 다른 한편 이렇게 고삐 풀린 무기의 확장은 ― 대량살상무기의 비도덕성과 말로 다 못할 만큼의 끔찍함을 부각시킨 전지구적인 풀뿌리운동과 더불어 ― 결과적으로 두 강대국을 잠정적으로나마 핵무기를 제한하는 협정으로 이끌었다. 상황이 위태로워졌을 때, 우리 세계 대부분을 파괴할 가능성이 다분한 전쟁을 두 강대국이 일으키는 것을 막는 데 그 도덕적 비난이 의미심장한 역할을 했다는 주장도 나왔는데, 이는 상당히 일리가 있다.[16]

하지만 여러 출처를 통해 드디어 알려진 바에 따르면, 냉전 대참사를 막은 데는 순전한 운과 우연 또한 중요한 역할을 했던 게 분명하다. 궁극적으로 핵 금기가 결정권자들을 억제하긴 했지만, 그런 억제에 위협이 될 만한 요소들은 세 방향에서 나왔다. 첫째는 초기 핵무기 개발자들의 종말론적인 '성전(聖戰)' 사고방식, 둘째는 우발적으로 핵무기를 서로에게 날릴 직전까지 사태를 몰고 갈, 보통 '허위경보'와 '일촉즉발'로 지칭되는 인간적·기계적 사고, 셋째는 핵 금기에 전혀 영향을 받지 않는 고위관리들이 1945년 이후 연속적으로 발생하는 특정 분쟁에서 핵무기 사용을 줄곧 제안해왔다는 점이다.

냉전 시기 핵 공동체에서 높은 지위를 차지하고 있다가 마침내 거기서 빠져나와 억제와 '공포의 미묘한 균형'이라는 정신병리학의 실체를 드러낸 두 사람이 있다. 한명은 군인이고 다른 한명은 민간인이다. 군인은 조지 리 버틀러 장군으로 2년 동안 전략사령부 사령관으로 있었고 1991년에서 92년까지 전략공군사령부의 마지막 사령관을 지낸 뒤 퇴역했다. 민간인은 윌리엄 페리로, 1960년대 말에 기술과 무기 분야의 전문가로 시작한 그는 1994년에서 97년까지 국방부 장관을 역임하기에 이르렀다.

전략공군사령부 사령관이 된 버틀러는 1961년부터 2003년까지 미국의 핵 관련 정책을 규정해왔던, 끊임없이 갱신해나가는 극비의 조밀한 단일통합작전계획(SIOP)을 처음 보고는 경악을 금치 못했다. 경악할 일은 그 후로도 더욱 많았다. 퇴역한 뒤 곧 그는 '핵억제에 대한 확고한 옹호자에서 핵 폐기의 공개적인 주창자가 되기까지의 길고도 고된 지적 여정'에 대해 내 탓이로소이다 식의 열정적인 자기고백을 하면서 국내외에서 주목을 받았다. 그는 핵 관련 정책결정에 27년간 종사한 뒤 '심히 괴로워'졌다고 털어놓았다.

그가 열거한 충격적인 경험은 장구하다. '괴롭도록 줄지어 일어나는 전략적 무기·병력과 관련된 사건·사고'를 조사하는 일과 '한 무리의 전문가들이 얼이 빠지는 걸' 보는 일, '핵공격의 위협하에서 결정을 내려야 하는 정신이 멍해질 정도의 압박'을 감당하는 일, '어마어마한 비용' '기술발전에 대한 사정없는 압력' '괴기스러울 만큼 파괴적인 전쟁계획' 그리고 '핵전쟁이 생각해볼 만하다든가 얼토당토않게 과도한 병기들이 있을 법하다고 보게 만든, 냉전 시기에 합리적인 사고를 중단시킨, 공포로 유발된 무감증'. 그 당시를 돌이켜보며 그는 '고의성'과 '야만성' '무분별한 확산' '거짓된 공리들' 그리고 억제에 대한 게걸스러운 '식욕' 등을 비난했는데, 바로 그런 것들을 위해 자신이 '1만 2000군데 이상의 표적과 관련된 전쟁계획'을 포함하여 수많은 무기체계와 기술 개발에 참여했다고 고백했다.

소련의 붕괴는 버틀러에게 말할 수 없는 안도감과 희망을 안겨다주었다. 하지만 핵억제에 대한 사고방식과, 핵무기는 바람직하거나 불가피하다는 믿음이 여전하다는 사실이 분명해지면서 다시금 경악을 금치 못했다. '억제라는 우아한 이론은 임박한 핵전쟁의 도가니 속에서 완전히 시들어버릴 것'이라고 그는 한 연설에서 주장했다. 억제라는 주장의 어리석음에 대해 훗날 되돌아보면서 버틀러는 그것이 최고조였을 때 미국은 '동원 가능한 보유 핵무기가 3만 6000기에 이르렀다'고 지적했다. 거기에는 핵 지뢰와 기뢰(機雷), 그리고 '지프차에서 쏘아 올릴 수도 있는 포탄의 탄두'가 포함된다. "인류가 핵 재앙 없이 냉전에서 빠져나올 수 있었던 것은 외교적 수완과 순전한 운과 신의 중재가 한꺼번에 작용해서 가능했는데, 아마 마지막 것이 가장 큰 역할을 했을 것"이라고 결론을 내린다.[17]

윌리엄 페리도 펜타곤의 자문위원과 공직자로 일했던 수십년의 기간에 대해 마찬가지의 고충을 털어놓았다. 그는 1967년부터 시작해서 거듭 정부 요직을 맡았고, 2015년에 출간된 회고록 『핵 벼랑을 걷다』에서 냉전기 미국의 핵 정책에 대해 비난과 경멸을 쏟아부었다. 그가 보기에 1960년대의 전략적 사고는 '초현실적'이었고, '마치 핵무기가 그저 핵 이전 무기의 유기적인 진화의 결과물인양, 핵을 사용한 대포라든지 핵을 장전한 커다란 바주카포 (…) 핵을 사용한 지뢰 같은 무기'를 전장에 내보내는 걸 믿을 수가 없었다. 그런 행동은 단지 '극도로 무모할' 뿐 아니라 '거의 원시적'이기까지 했다. 소련이 그에 대응하여 전술 핵무기를 개발하고 '전쟁이 발발하면 그것으로 서유럽의 통신과 정치 요충지를 파괴할 계획을 세운 것'도 놀랄 일이 아닌 것이다.

두 강대국이 상호군축협정을 위해 협상의 노력을 기울이던 냉전의 마지막 20년 동안에도 폭력과 공포가 여전히 감돌았다. 페리는 이렇게 회고한다.

그러나 지금에 와서 뒤돌아보면 역사적으로 너무나 익숙한 무분별하고 감정적인 사고방식, 그러니까 인류의 역사에서 전쟁을 초래한 그런 사고방식이 눈에 띈다. 핵의 시대에 이런 사고방식은 위험천만하다. 이런 사고방식 때문에 핵 전략을 두고 광적인 논쟁이 일어났고 가뜩이나 파괴적인 핵 전력의 파괴성이 증폭되었으며 까딱 잘못하면 핵전쟁이 발발할 수도 있게 되었다. 계속 이런 식임에도 결과가 어떨지 파악되지 않는다면 상상력이 없어도 너무 없는 것이었다. 심지어 1970년대와 80년대 핵무기 증강 이전에도 미국의 핵 전력은 전세계를 날려버리고도 남을 정도였다. 미국의 핵억제력은 제정신 박힌 어느 나라 지도자라도 딴 맘을 못 먹게 할 정도로 무시무시했다. 그럼에도 우리는 강박적으로 미국의 핵 병력이 미흡하다는 주장을 계속했다. '취약한 지점'이 존재한다는 환상에 사로잡혀 있었다. 미국과 소련, 두 정부 모두 국민들 사이에 공포심을 퍼뜨렸다. 과거 그 어느 때와도 비견할 수 없이 달라진 핵의 시대에 살면서도 마치 세상이 하나도 변한 게 없다는 듯이 행동했던 것이다.[18]

◆

이러한 대표적인 문서와 내부자의 묘사가 전달해주는 핵전쟁에 대한 지적 혼란과 조직상의 혼돈 상황에서, 우발적인 사건이 일어나기도 하고 호전적인 기획자들이 핵 금기를 깰 생각을 하기도 한다. 버틀러 장군은 '괴로울 만큼 줄지어 일어나는 사건·사고'에 대해 모호하게 말했다. 윌리엄 페리는 자신의 국방부 장관 시절을 핵 벼랑 끝에서 지냈던 것으로 묘사했다. 군사용어에는 심지어 핵 관련 사고에 대한 미사여구까지 있다. '부러진 화살' '구부러진 창' '빈 화살통' 등이 그것인데, 마지막 것은 핵무기의 손실을 가리킨다. 두 사람이 묘사한 무차별적인 핵무기의 배포(지프차의 핵무기라니!)와 그들의 마음을 그렇게 괴롭게 했던 만연한 비합리적 '합리성'을 생각하면 핵무기 사고라든지 인간의 실수나 기계적 결함으로 인한 허위 경보를 상상하기란 어렵지 않다. 하지만 그런 사고 중에서 어느 정도가 정말 '일촉즉발의 위기'였을까?

사건·사고가 일어날 가능성은 두말할 나위 없이 핵으로 대치하는 양쪽 모두에서 다분했겠지만, 우리가 미국 쪽의 대부분의 문서를 확보하고 있으므로 그쪽 기록이 좀더 확인하기 쉽다. 펜타곤은 32건의 심각한 핵 사고가 있었다고 인정하는데, 탐사보도 기자 에릭 슐로서가 찾아낸 자체 연구에 따르면 1950년에서 68년 초 사이에 적어도 200건의 '중대한' 사건·사고가 발생했다.[19] 또다른 연구조사는 미국 핵 관련 사고가 "1977년에서 83년까지의 기밀 자료에 따르면 1년에 적게는 43건에서 많게는 255건에 이른다"고 적고 있다.[20]

이들 사고 중 대다수가 두 강대국을 위기일발의 상황으

로 몰고 갈 정도는 아니었다. 그렇지만 얼마간은 그러했고, 몇몇 일촉즉발의 상황은 얼마나 황당한 원인에서 비롯되었는지, 스탠리 큐브릭 감독이 1964년에 만든 풍자적 영화 「닥터 스트레인지러브: 어떻게 나는 걱정을 접고 폭탄을 사랑하게 되었나」에 나올 법하다. 어마어마한 보복을 집단적으로 사고하는 아슬아슬한 세상에서 소련이 공격해 올 수 있다는 경보는 대부분 새떼나 구름에 반사된 햇빛, 달빛, 경보 시스템에 잘못 끼운 훈련 테이프, 46센트짜리 불량 컴퓨터칩 등에서 촉발되었던 것이다. 소련 쪽에서는 북극광을 연구하는 노르웨이의 기상 로켓을 보고 식겁한 적도 있었다.

'빈 화살통' 범주에 드는 것으로는, 1966년 통상적인 핵순찰을 하던 B-52 폭격기가 스페인 상공을 날던 급유 제트기와 충돌하여 4기의 수소폭탄이 곧장 아래로 곤두박질친 적이 있었다. 핵탄두 자체는 폭발하지 않았지만, 그중 하나는 바닷속으로 빠져 얼마간 찾지 못했고 두개는 폭발하여 그 지대가 플루토늄 방사선으로 오염되었다. 군인들을 보내 제거작업을 벌였는데 이는 반세기가 지난 후에도 여전히 뉴스거리가 되었다.[21] 수없이 반복된 이런 사건들은, 버틀러 장군이나 직접적으로 관여했던 다른 사람들로 하여금 지금껏 핵전쟁이 벌어지지 않은 것은 지략에 따른 억제 때문이 아니라 순전히 운이나 신의 중재 덕으로 여기

게 했던 '괴로울 만큼 줄지어 일어나는 사건·사고'의 일면
일 뿐이다.

그에 못지않게 심란한 사실은 기밀 해제된 기록이나 개
인들의 회고가 알려주는 바, 냉전 시 분쟁에서 미국의 군
기획자들이 몇번이나 핵의 선제 사용을 거론했다는 것이
다. 소련이 심각한 수준의 보복능력을 갖추기 전까지는
'예방차원에서' 혹은 '선제적으로' 소련을 공격해야 한다
는 제안이 공개적으로나 기밀로나 드물지 않았다. 핵무기
사용의 가능성이 거론되었던 분쟁으로는 한국전쟁(더글
러스 맥아더 장군은 30기 이상의 핵폭탄을 터뜨려 북한과
중국 사이에 방사능 띠를 만들 것을 촉구했다), 이제는 잊
혔지만 1950년대 중국과의 두차례 긴장상태(1954년과 58
년, 1차와 2차 대만해협 위기), 1962년의 꾸바 미사일 위기,
베트남전쟁, 그리고 1991년의 걸프전이 있다.

윌리엄 페리는 바로 그런 제안에 깔려 있는 가정, 즉 핵
무기란 그저 고성능 재래식 무기(그쪽에서 흔히 하는 말로
화살통에 더해진 화살 하나)이므로 **전술적으로** 사용될 수
있다는 가정에 경악했다. 머리글자를 사용한 약어가 난무
하는 군 작전에서 전술핵무기는 전역(戰域)핵전력(TNF)
의 동류로서 전역핵무기(TNW)라는 이름으로 그 무리에
합류했다. 1966년 미국이 베트남에서의 군사작전을 늘렸
을 때 펜타곤은 TNW의 사용 가능성에 대한 연구를 지원

했다. 스티븐 와인버그와 프리먼 다이슨을 포함한 저명한 과학자들이 주도한 그 기밀 보고서 「동남아시아에서의 전술핵무기」는 핵 금기를 재확인했다.[22]

이 모든 것에도 불구하고 강경파 핵 기획자들은 심지어 냉전이 끝난 이후에도 전장에서 그런 무기가 가진 유용성에 대한 주장을 그치지 않았다. 물론 그 즈음에는 '핵보유국'의 수는 더 늘어나서 미국에 비해 체제상 덜 안정적이라고 여겨지는 나라들까지 추가되었다.

4장
냉전기의 전쟁들
★ ★ ★

'총력전'은 1945년 이후 자취를 감추었을지 모르지만 총력전을 위한 준비는 그렇지 않았다. 핵무기만 안 썼을 뿐이지 폭력의 무지막지한 증가나 대규모 민간인 인명피해도 마찬가지였다. 대한민국(남한)과 미국이 조선민주주의인민공화국(북한)뿐 아니라 중화인민공화국에 맞서 싸웠던 한국전쟁(1950~53) 당시 미군이 사용한 전체 폭탄은 톤으로 따졌을 때 1945년 일본에 투하했던 것의 네배가 넘었다. 일본과 한국에서 전략폭격을 모두 지휘했던 커티스 르메이 장군은 후에 이렇게 회고했다. "우리는 북한과 남한 양쪽에서 도시란 도시는 거의 다 불태워버렸어요. (…) 100만명 이상의 민간인들을 죽였고 700만명 이상을 고향에서 내몰아서 그로 인해 어쩔 수 없이 더 많은 비극이 일어나게 된 거죠."[1]

1965년에서 73년까지 계속된 베트남전쟁의 경우 캄보디아와 라오스에까지 확대된 미국의 집중적인 폭격으로, 종국에는 일본에서 사용된 폭탄의 40배가 넘는 양의 폭탄을 쓴 셈이었다. 1970년에 은밀하게 이루어진 캄보디아 폭격을 보면 민간과 군부 지도자 모두가 권장했던 이 맹렬한 '국지전'을 대하는 미국의 사고방식의 단면이 드러난다. 당시 리처드 닉슨의 안보보좌관으로 있었던 헨리 키신저는 공군에 다음과 같은 간결한 말로 대통령의 지시를 전달했다. "캄보디아에 대규모 폭격. 가동할 수 있는 건 다 동원하여 움직이는 모든 것에." 탐 엥겔하트가 주장했듯이 이러한 지시는 전범에게 죄를 물을 수 있는 증거와 거의 다를 바 없다.[2]

한국전쟁과 베트남전이 벌어지는 동안 모든 면에서 거리낌 없는 파괴가 벌어졌다. 미국은 베트남에서 집중폭격만이 아니라 화학전까지 벌여, 곡물을 망치고 적군이 활용하던 천연 지물인 나무를 죽이기 위해서 제초제를 사용했다. 이 역시 2차대전에 그 뿌리를 두고 있다. 당시 미국과 영국의 과학자들이 합작하여 1946년에(이즈음엔 이미 전쟁은 종결되었다) 일본의 곡물을 대상으로 사용할 목적으로 특정 제초제를 개발했고, 이것이 나중에 '에이전트 오렌지'로 악명을 떨치게 되었던 것이다. 이 화학무기는

1953년 한국전쟁에서 적대행위가 종식되기 직전에 사용 가능해졌다. 영국은 1960년까지 늘어졌던 말레이 비상사태 당시에 곡물을 파괴하기 위해 에이전트 오렌지를 사용했다. 1962년에서 71년 사이에, 미군은 '목장 일꾼'(Ranch Hand)이라는 작전명으로 베트남과 캄보디아, 라오스 지역에 2000만 갤런의 에이전트 오렌지를 살포했다. 독성 화학물질을 이와 같이 사용함으로써 농경지와 삼림을 황폐화했을 뿐 아니라, 영양실조와 기아, 유산, 선천적 장애, 그리고 암을 포함하여 여러 장기적인 건강상 문제를 일으키는 등 인간에게도 극심한 해를 입혔다.[3]

소련이 1944년부터 동유럽(폴란드, 헝가리, 루마니아, 불가리아, 체코슬로바키아, 동독)에 꼭두각시 정권을 수립한 이후 행사한 전후의 군사력을 살펴보면, 냉전 초기 소련군이 개입한 사례 가운데 1953년 동독, 56년 헝가리, 68년 체코슬로바키아의 민중시위를 박살낸 것이 가장 극악무도했다. 국경문제를 두고 1960년대 내내 조금씩 악화되던 소련과 중국의 대립이 1969년에 갑자기 격화되어 짧지만 위험천만한 적대행위가 일어나기도 했다. 하지만 이들 중 어떤 경우에도 두드러지게 많은 사망자가 발생하지 않았고 몇몇 경우를 제외하면 보통 그 자체로는 전쟁행위로 여길 만한 것은 아니었다.[4]

냉전 중 소련 쪽에서의 주요 군사행위는 1979년 말부터

89년 초까지 아프가니스탄에서 벌어졌다. 그것은 본질적으로 소련의 종말을 불러왔고 결국 소련은 2년 후 해체되었다. 대중적 기반이 없는 공산주의 정권을 지원하기 위해 소련이 개입하고 그 영토를 점령했던 이 전쟁은 유엔 총회뿐만이 아니라 이슬람 국가로부터도 비난을 받았다. 또한 이를 빌미로 미국, 사우디아라비아, 파키스탄은 아프가니스탄 내의 반소(反蘇) 이슬람교도 무자헤딘(성전聖戰을 벌이는 게릴라전사)을 비롯하여 40개국에 이르는 나라에서 가담한 다른 이슬람교도 전사들을 지원하게 되었다. 결과적으로 이것이 몇십년 후에 미국인과 다른 나라 국민을 대상으로 한 이슬람 테러리즘이 자라나는 온상이 되었던 것이다.[5]

전쟁이 아프가니스탄을 뒤흔드는 동안 그와 가까운 이라크와 이란 역시 전쟁으로 황폐해졌다. 그들은 1980년부터 88년까지 격심한 대결을 이어갔고, 여기에서 이라크는 군인만이 아니라 민간인까지 대상으로 하여 화학무기를 사용했다. 소련은 이 대결에서 마지못해 양쪽 모두에 지원하겠다고 했지만, 그중에서도 특히 이라크를 지원했다. 미국은 공개적·비공개적으로 다양하게 이라크를 지원했는데, 거기에는 경제적 원조와 군사 위성정보, 무기 판매, 그리고 군민 양용의 기술과 화학적·생물학적 병원체의 판매 등이 포함되었다.[6]

늘 그렇듯이 이러한 냉전 시기 전쟁들의 인적 피해를 정확하게 산출하는 일은 불가능하다. 한국전쟁에서 군인 총사망자(주로 중국·북한·남한 군인에, 상대적으로 적은 미군과 유엔군 전사자)는 아마 80만명 정도가 되고, 북한과 남한의 민간인 사망자를 합하면 아마 그 두배 정도가 될 것이다. 자료에 따라 그 수를 더 높게 잡기도 한다. 베트남전의 경우 베트남 공산주의 정부가 1995년에 추정한 바에 따르면 1955년에서 75년 사이에 북베트남 군인과 남쪽의 베트콩 반란군 둘 다 포함하여 110만명의 공산주의 전사와 200만명의 민간인이 사망했다. 여기에 30만명으로 추정되는 남베트남 군인 사망자를 더하면 베트남전 양측의 사망자는 340만명에 이른다. 미군 쪽을 보면, 2015년 기준으로 워싱턴 D.C.의 베트남전 추모비에는 5만 8307명의 이름이 적혀 있고, 그중 약 1200명은 작전 중 실종되어 전사한 것으로 추정된다.

소련-아프가니스탄 전쟁의 전사자들은 무자헤딘을 포함하여 10만명이 넘어가는 게 거의 확실하고, 민간인 사망자는 적게는 85만명에서 많게는 거의 그 배에 이를 것으로 추정된다. 수백만명의 아프가니스탄 국민들 — 아마 전 인구의 3분의 1에 이를 텐데 — 이 고국을 떠고, 200만명 이상이 고향을 등졌다. 이란-이라크 전의 추정된 사망자수는 공식적으로는 이라크 쪽 25만명과 이란 쪽 15만 5000명

이지만 많게는 100만명 이상으로도 추정된다.[7]

◆

　한국전쟁과 베트남전, 그리고 소련-아프가니스탄 전쟁은 그 정도는 다르지만 모두 냉전 시기 공산주의와 반공산주의의 이념 충돌이 두드러진 '대리전'이었다. 동시에 토착적 분쟁이 외국의 침입으로 인해 복잡해진 경우이기도 하다. 1950년 10월 미군이 자신의 국경을 위협한다고 보고 중국이 한국전쟁에 개입한 사실은 2차대전 이후 전쟁과 분쟁의 다면적인 성격을 잘 보여준다. 적어도 100만명 —— 그보다 훨씬 더 많다는 추정도 있다 —— 의 목숨을 앗아간 4년간의 피비린내 나는 내전 끝에 드디어 마오쩌둥의 공산군이 중국에서 장제스의 국민당 패병들을 무찌르고 승리를 견고히 한 것이 불과 1년 전이었다.[8]

　중국의 곤경은 2차대전과 그 유산이 지니는 복잡한 특성을 반영한다. 중국의 경우 일본의 침략은 공산주의가 승리하는 길을 닦았다. 아시아 전체를 볼 때, 일본의 실패한 전쟁은 영국·네덜란드·프랑스 식민지에 치명타를 가해서 맹렬한 민족 내 갈등과 반제국주의 해방전쟁이라는 유산을 낳았다. 한국전쟁 자체는 1910년부터 45년까지의 일본 제국주의 지배까지 거슬러 올라가는 민족 내의 심각한 분열에서 나왔다고 할 수 있다. 1945년에 승리한 연합군이 삼팔선을 기준으로 한반도를 소련과 미국의 영역으로 가르겠다고 결정하면서 그 분열이 격화되었던 것이다.

'연합군'과 '추축국'의 비호 아래 민족국가들끼리 싸우면서 2차대전 동안 아주 다양한 부수적인 분쟁들이 일어났고, 그것은 이런저런 방식으로 전후 세계에까지 이어졌다. 전시의 얄팍한 단합 아래에서 내전이 곪아가고 있었다. 예전의 동맹 사이에서도 불화가 무르익었는데, 특히 소련과 미국 사이에서 가장 두드러졌다. 유럽과 아시아의 전장에서는, 거대하고 기계화된 힘들이 충돌하는 틈새에서 비정규 무장세력들과 게릴라들의 전쟁이 벌어졌다. 반식민주의 운동이 대두하면서 전후에 아시아와 아프리카를 뒤흔들 '민족해방운동'의 서곡을 알렸다. 어디에나 잔혹행위가 난무하고 대학살도 드물지 않았다. 나치 홀로코스트는 앞으로 종족말살과 다른 대량 살인행위가 계속해서 끔찍할 만큼 자주 벌어지게 될 전후 세계를 암시하는 것이었다.[9]

예를 들어 CIA가 재정을 지원한 자료모음집「주요한 정치적 폭력 사건들」에서 정리된 항목을 보면, 1946년에서 2013년 사이에 500명 이상의 사망자를 낳은, "한 나라 안에서나 국제적으로 벌어진, 종족이나 집단 간에 벌어졌거나 인종학살적인 폭력과 전쟁"이 331건이다. 그중에서 222건이 1990년 이전에 벌어졌다. "무장분쟁이 벌어지는 동안의 폭력으로 인해 직간접적으로, 신체적·정신적으로 뒤틀리고 망가진, 훨씬 더 많은 사람들 수"는 이 도표에서 제외되었다(왜냐하면 그 수를 추정할 공식적 방법이 없기 때문이다).[10]

이렇게 제한된 수치로도 그 자료집이 추정한 사망자수는 암울하기 그지없다. 대충 시간 순서대로 훑어보면, 인도차이나반도에서 1945~55년에 프랑스에 대항한 독립투쟁에서 50만명이 사망했고, 1946~48년에 인도와 파키스탄의 분할과정에서 100만명이 사망했다. 1948~60년에 꼴롬비아 내전에서 사망한 사람이 25만명, 1954~62년에 알제리의 반프랑스 독립투쟁에서 전사한 인원이 10만명, 1956~72년에 수단의 종족전쟁으로 사망한 사람이 50만명, 1960~65년에 자이레의 종족전쟁으로 사망한 사람이 10만명, 1961~93년에 이라크에서 살해된 쿠르드족이 15만명, 1965~66년에 인도네시아 정부에 의해 공산주의자로 몰려 처형된 사람(많은 수가 한족)이 50만명, 1966~70년에 나이지리아의 종족분쟁으로 숨진 사람이 20만명, 1966~75년에 중국의 문화혁명으로 살해당한 중국인이 대략 50만명, 1966~96년에 과떼말라에서 학살된 토착민이 15만명, 1971년 파키스탄과 방글라데시 간의 종족전쟁에서 발생한 사망자가 100만명, 1971~78년에 우간다의 종족전쟁에서 죽임을 당한 사람이 25만명, 1974~91년에 에티오피아의 종족전쟁에서 죽임을 당한 에리트레아인과 그 외의 사람들이 75만명, 1975~78년에 캄보디아에서 크메르루주의 인종학살에 의해 몰살된 캄보디아인이 150만명, 1975~2002년에 앙골라 내전에서 숨진 사람이 100만명, 1976~92년에 동티모르의 '식민전쟁'에서 인도네시아 정부에 의해 죽임을 당한 사람이 18만명, 1981~92년에 모잠비끄 내전의 사망자가 50만명, 그리고 1983~2002년에 수단에서 다시 시작된 종족전쟁으로 사망한 수가 100만명이었다.

◆

이 표본 목록에 또다른 비극적인 민간인 학살이 더해질 수 있다. 또한 개략적으로만 주어진 수치이므로 언제든 다른 수치가 제시될 수 있다. 하지만 광범위하고 막대한 고난, 특히 예전에 제3세계라고 불렸던 나라들이 겪어온 고난은 명백하다. 잘 알려진 또다른 데이터베이스는 그와는 좀 다르지만 여전히 암울한 계산을 내놓는다. 예를 들어 '전쟁 상관관계'(COW) 프로젝트는 전사자 1000명을 사망률 기준치로 잡아 1816년부터 공식적인 분쟁의 사망자 수를 목록으로 작성했다. COW는 1945년부터 2007년 사이의 전쟁 242건을 열거하면서, '2차대전 이후로 전세계적으로 거의 10년마다 200만명 이상이 전투에서 사망했다'고 결론을 내린다.[11] 스웨덴의 '웁살라 분쟁자료 프로그램'(UCDP)이 편찬한, 1946년부터 2013년까지를 다룬 자료에 따르면 같은 기간 동안 '254건의 무장분쟁(114건의 전쟁)'이 있었다. 이 중에서 110건의 무장분쟁(67건의 전쟁)이 1989년 이전에 일어났고, 144건의 무장분쟁(47건의 전쟁)이 그 이후에 일어났다.[12]

　그중 많은 분쟁에 대해 미국은 거의 혹은 전혀 영향을 끼치지 않았지만, 몇몇 경우에는 지대한 영향을 주었다. 1946년부터 20세기 말까지 미군은 한국전쟁과 베트남전 외에도 보통 전쟁으로 분류되는 대략 십여건의 군사작전에 단독으로 참여했거나 다국적군의 선두에 섰다. 여기에는 레바논(1958)과 꾸바(실패로 끝난 피그즈만 침공), 도미니끄 공화국(1965~66), 볼리비아(1966~67), 다시 레바논(1972~83), 그레나다(1983), 빠나마(1989~90), 걸프(1991), 이라크 상공의 '비행금지구역'(1991~2003), 소말리아(1992~93), 아이띠(1994~95), 보스니아(1994~95), 그리고 코소보(1998~99) 등에서의 전쟁이 있다.

　정부 보고서까지 아우르는 좀더 폭넓은 자료는 '군사적 분쟁이나 분쟁의 잠재적 가능성이 있는 경우, 또는 보통의 평화 시 목적 이외의 목적으로 미군이 해외에서 무력을 사용한 경우로 수백건'을 열거한다. 많은 경우에 이러한 무력개입에는 유엔이나 나토가 승인한 다국적 임무가 뒤따랐다. 대개 민주주의를 증진한다거나 인도주의적 구호라는 이름으로 파견되었던 것이다. 얼마간은 외국 정부의 요청에 응해서 이루어졌거나 위험한 상황에 처했다고 생각되는 외국 거주 미국인들을 보호하거나 대피시키기 위해 이뤄지기도 했고, 얼마 안 되지만 도발적인 반미 분규에 대응한 경우도 있었다.[13]

심지어 정부 쪽 자료조차 이러한 작전 중 많은 수가 별 효과가 없었거나 대상이 된 나라에 반동적이고 억압적 경향을 강화하는 데 일조했음을 인정하는데, 이는 사실 빙산의 일각일 뿐이다. 실제로 미국은 주로 CIA의 주도에 의해 수백건의 '비밀작전'이나 '은밀한 작전'을 수행했다. 혹은 비밀작전이 아니었더라도 그것이 진행된 해당 지역 외부에서 그 작전에 꾸준히 주의를 기울인 경우는 거의 없었다. 이러한 비밀행동은 관례적인 정보처리 레이더에 잡히지 않았다. 엄밀히 말하면 비밀작전과 은밀한 작전 사이의 공식적인 차이란, 전자가 작전 책임자의 정체를 숨기거나 '그럴듯한 부인'을 허용하는 반면 후자는 작전 자체를 숨기려 한다는 것이다. 실제로는 이런 차이가 흐려지기 일쑤고, 그런 작전과 작전 수행자들 ― 그것이 아무리 범죄적 행위라도, 그리고 아무리 철저하게 그 진상이 까발려져도 ― 은 절대 그에 대한 책임을 지는 법이 없다.

그런 행위가 폭로되는 것은 전 CIA 내부고발자의 증언이나 특정한 범법행위를 대상으로 이따금 벌어지는 국회의 진상조사, 집요한 탐사보도를 통해서다. 예를 들어 꼼꼼하게 기록된 어떤 자료는 1945년부터 91년 소련의 붕괴까지 미국의 주요한 '비밀작전'으로 81건을 열거하고 있다.[14] 그렇게 드러난 것들을 다 모으면, 냉전 시 미국의 임무라는 가치를 진정으로 믿는 사람들이 보통 파시즘적이거나 공산주의적 억압과 연결 짓는, 그런 종류의 어처구니없이 부도덕적인 행동들의 자료가 나오게 된다. 냉소적인 스파이 스릴러물이라는 소규모 산업이 책이나 영화의 형식으로 전후와 현대에 인기를 얻었던 이유도 여기에 있다. 하지만 긴 냉전 시에나 냉전 이후에나 그 표적이 되었던 외국의 민족과 공동체, 집단, 가족 들에게 그것은 허구일 수가 없다.

이러한 활동의 뿌리를 찾아 거슬러 올라가보면 거기에는 2차대전 시 CIA의 전신이었던 전략사무국(OSS)이 나오는데, 그 기관의 목표는 적을 진압하고 적대적으로 여겨지는 정부와 사회를 와해하는 것이었다. 이 계보를 실질적으로 잘 보여주는 예가 「방해공작을 위한 간단한 야전교범」이라는 1944년 OSS의 기밀 소책자로, 주로 유럽에서의 작전을 염두에 두고 쓰였다. CIA는 이것을 1980년대 당시 니까라과 좌파정부를 와해할 목적으로, 삽화를 넣은 영어

와 스페인어 팸플릿의 형태로 개정하여 배포했다.[15]

방해공작과 와해 그리고 대부분 제3세계 국가에서 벌어졌던 공산주의·사회주의·진보주의 운동의 억제와 파괴를 목적으로 한 CIA 활동은 사실 전혀 단순하지 않았다. 그 이면으로는 암살행위, 암살의 교사, 우익 독재자와 암살단 지원, 이란·과떼말라·시리아·이라크·남베트남·칠레·인도네시아 같은 나라에서 쿠데타를 지지하고 후원하는 일, 외국의 경찰들에게 범죄행위라 할 만한 억압적 전술을 훈련시키고 원조하는 일(주로 캄보디아, 꼴롬비아, 에꽈도르, 엘살바도르, 과떼말라, 이란, 이라크, 라오스, 뻬루, 필리핀, 남한, 남베트남, 태국에서), 앙골라나 콩고 등의 아프리카 나라에서 싸울 유럽계 백인과 남아프리카인을 모집하는 일, 은밀한 작전의 자금을 대기 위한 마약과 무기의 거래, 비밀 수용소의 운영, 살인·고문·폭탄테러 그리고 경제적 태업 등에 대한 직간접적인 관여, 허위정보 유포, 겉보기에 '자유주의적인' 학술적·정치적 대표 조직 설립과 재정 지원, 마음에 드는 보수우익 정당과 후보자에게 돈줄을 대어 표면상으로는 민주주의적인 선거절차를 타락시키는 일(심지어 일본이나 이딸리아 같은 주요국에서도) 등의 작전들이 포함된다.

1950년대 초에서 73년까지 작동했던, 'MK울트라'(MKUltra)라는 작전명의 악명 높은 한 CIA 프로젝트는 대학과 병원을 포함한 몇십개의 미국 기관들을 끌어들여 심문과 고문의 효과를 높일 은밀한 '마인드 컨트롤' 실험을 수행했다. 1960년대와 70년대에(베트남전 동안에 특히 그러했지만 그때에만 한정되지도 않는다) 미국 내의 반대 세력을 대상으로 한 프로젝트들도 있었는데, 그중 '카오스'(Chaos) 작전이 가장 악명 높다. 이 경우 내세운 명분은 그런 저항들이 외세의 영향을 받았다는 것이었다.[16]

1987년, 환멸을 느낀 십여명의 전 CIA 관리들이 단체를 설립하고 성명을 발표하여 "미국과 전쟁을 벌이고 있지도 않고 미국에 상당한 물리적 타격을 가할 능력도 없는 나라들, 그들 입장에서는 미국에 별다른 반감도 갖고 있지 않고 '공산주의'나 '자본주의' 같은 쟁점에 그다지 관심도 없는 그런 나라들에서 수백만명의 사람들을 죽이고, 상해를 입히고 공포에 떨게 만든 미국의 비밀작전"을 규탄했다. 구체적인 사항은 밝히지 않았지만, 회한에 찬 이들 전 정보원들은 "2차대전 이래로 미국의 비밀작전으로 인해 적어도 600만명이 숨졌다"고 결론을 내렸다.[17]

◆

냉전의 마지막 10년 동안에 여러 상황이 전개되면서 외국에 주둔한 미국의 군대와 준군사부대는 수적으로나 양적으로나 새로운 단계로 올라섰다. 그중 하나는 '카터 독 트린'(1980)과 '레이건 독트린'(1981~89)으로 알려진, 전략 적 표적과 임무를 재정의한 대통령 주도의 정책 도입이었 다. 또 하나는 중동 지역뿐 아니라 서반구 내에서 침투와 전복, 고문, 테러 등 기존의 전술을 구사하는 CIA 주도의 은밀한 비밀활동이 강화된 것이다. 거기에 더해 냉전 말에 는 '군사혁신'이라는 표현에 정확히 담겨 있듯 무기체계 와 군 명령구조에 디지털 기술과 기타 선진기술을 적용하 게 되었다. 소련이 해체되던 바로 그 시점에 이라크 독재 자 사담 후세인이 쿠웨이트를 침공하여 걸프전을 촉발했 던 1990년에서 91년에 정책과 기술이 아주 극적으로 맞아 떨어졌던 것이다.

카터 독트린은 지미 카터 대통령의 이름을 딴 것으로 1979년에 기원을 둔 두가지 사건, 즉 이란 내의 대미의존 적 정권이 전복된 이란혁명과 소련의 아프가니스탄 무력 침공에 대한 대응이었다. 그 두 사건의 공통된 관심사는 한마디로 석유였다. 1980년 1월 23일, 카터 대통령은 임기 내 마지막 국정연설에서 국제적인 도전 세가지를 강조했 다. 소련이 국경 너머까지 위세를 확장하는 것과 '서구 민 주주의가 중동의 석유공급에 압도적으로 의존하고 있다는 점' 그리고 '이란혁명이 예시하는' 개발도상국 내의 격변 이 그것이었다.[18]

카터의 두번째 임기 도전은 실패했지만, 그의 '독트린'은 특히 대중동 권역에서 미국의 전쟁기반시설이 확대되는 기반을 닦았다. 그의 연설이 나온 지 두달도 못 되어 카터는 4군, 즉 군의 네 주요 영역인 육군, 해군, 공군, 해병대를 모두 개선하는 신속전개 합동기동부대의 창설을 감독했다. 2년 안에 이것이 발전하여 서남아시아, 중앙아시아, 페르시아만의 작전을 책임지는 중부사령부(CENTCOM)가 되었다. 동시에 미 해군은 페르시아만과 인도양까지 진출하여, 어느 해군 역사기록관이 말했듯이 '전후 유례없는 확장의 시기'를 열게 되었다.[19] 동시에 카터의 국가안보보좌관인 즈비그뉴 브레진스키는 아프가니스탄에서 소련군과 맞설 수 있도록 무자혜딘을 원조하기 시작했는데, 이는 효과는 있었지만 궁극적으로 근시안적인 정책이었다. 주로 CIA를 통해 이루어진 이러한 극비작전의 목표는 브레진스키의 말을 빌리면 '소련에 가능한 한 오래, 가능한 한 많은 출혈을 일으키는' 것이었다.[20]

카터의 후임인 로널드 레이건은 전임자의 정책들을 폄하하는 와중에도 이러한 계획을 이어받아 밀고 나갔다. 선거운동에서 레이건은 '우리가 꿈꾸는 미국을 되찾기 위한 위대한 운동에 사회적 배경이나 신념에 상관없이 모든 사람이 단합할 수 있도록' 하겠다고 약속했다. 이어서 그것을 위해서는 이 민족의 국방을 '엉망으로' 만든 정책들을 폐기하고 '미국주의를 세계에 더 제대로 전파'할 필요가 있다고 말했다. 헨리 루스가 이 말을 들었다면 하늘에서 기뻐할 것이 분명했다.

레이건의 선거운동 슬로건 중에서 가장 호소력 있었던 것 하나는, 미국인들 자신이 최근의 전쟁에 대해 마치 '우리가 제국주의적 정복에 눈이 먼 침략자'라고 생각하게 만든 '베트남 증후군'을 몰아내야 한다는 것이었다. 그 전쟁은 "진정으로 훌륭한 대의를 위한" 것이었고, 그 증후군은 "베트남의 전장에서 얻어낼 수 없는 승리를 이곳 미국의 선전장에서 얻어낼" 목적으로 '북베트남 침략자'들이 조장한 것이었다고 그는 단언했다. 레이건은 군축 협정이 소련 쪽의 '일방적인 핵무기 증강'을 허용할 거라며 맹렬히 비난하고 "미국의 힘이 쇠퇴해가는 상황을 맞아 (…) 소련과 그 동맹국들이" 진격해가는 세상에 대해 경고하면서, 만약 싸워야만 하는 상황이 온다면 "승리할 수 있는 수단과 결단력"을 되찾겠다고 맹세했다.[21] 대통령에 당선된 뒤 레이건 행정부는 해외정책 수행에 인권을 진정한 기준으로 도입하려던 카터의 시험적 시도를 지체 없이 폐기해버렸다.

소련이 막 아프가니스탄을 침공한 참이었으므로 공산주의는 팽창주의라는 비난은 확실히 더 설득력이 있었다. 레이건은 대통령으로서 자신의 선거공약을 시행하기 위해 단호하게 움직였다. 600척 군함을 지닌 해군을 만들겠다는 목표를 세웠고, 그 목표에 근접했다(그가 임기를 마친 1989년에 591척의 군함이 있었다). 1987년 1년간의 국방예산은 1980년에 비해 거의 40퍼센트 증가했고 그중에서 무기구입 예산은 배로 늘었다. 군사혁신에서 핵심적인 정밀유도병기(PGM)와 스텔스 능력을 비롯한 주요 신형 무기의 생산이 이 시기에 시작되었다.[22] 또한 1987년은 군대의 모든 분야를 대표하는 특수부대 주도의 은밀한 비밀작전을 편성하기 위해, 통합된 특수작전사령부(SOCOM)가 탄생한 해이기도 하다.

레이건 독트린하에서 CIA는 비밀작전을 더욱 강화했다. 아프가니스탄 반란군에 대한 지원은 더욱 커져 '사이클론'(Cyclone)이라는 작전명으로 가장 장기적으로 지속된 개입작전의 하나가 되었고, 이는 대개 파키스탄의 비밀스러운 정보부를 통해 진행되었다. 사우디아라비아와 영국, 이집트, 중국('중소 분쟁'이 여전히 진행 중이었다)의 원조가 더해져 이것은 재정적 지원, 훈련, 무기조달의 방식으로 이뤄졌다. 그중에 포함된 무기류 중에서 1986년에서 88년 사이에 미국이 공급한, 어깨에 메고 쏘는 선진 지대공 스팅어 미사일 ― 소련 헬리콥터와 제트기와 수송기를 표적으로 한 ― 이 2300기가량 되었을 것이다.[23]

레이건 행정부는 베트남 증후군을 상징적으로 몰아내는

일도 지체 없이 시작했다. 1983년 가을, '긴급한 분노'(Urgent Fury)라는 작전명으로 그레나다섬을 침공했다. 약 9만 1000명이 살고 있던 카리브해의 그 작은 섬나라는 좌익 분파가 연루된 정치적 소요에 휘말린 상태였다. 대부분 4군에서 차출된 신속전개 특수부대로 구성된 약 7300명이 그 침공에 투입되었다(후에 SOCOM하에서 이뤄지게 되는 좀더 공식적인 방식의 시사회 격이라 하겠다).

적대행위는 10월 25일부터 12월 15일까지 지속되었다. 11월 2일 유엔 총회는 108 대 9로, 그 침공이 '명백한 국제법 위반'이라고 비난했다. 미국이 입은 피해는 사망 19명과 파괴된 헬리콥터 9대였다. 상대방 사망자는 100명 이하로 추정되는데, 그레나다 군사 45명과 꾸바 준군사부대 인력 25명이었다. 그리고 적어도 24명의 민간인이 있었고, 그중 18명은 정신병원을 잘못 폭격하여 발생한 것이었다. 이후 미군은 '긴급한 분노' 작전 참전군들에게 그 공로와 용맹함을 치하하며 5천개 이상의 메달을 수여했다.

한국에서의 '승산 없는' 전쟁과 베트남에서의 치욕스러운 패배, 충격적이었던 이란의 이슬람혁명, 그리고 침공을 겨우 이틀 앞두고 레바논의 베이루트 막사에서 241명의 미 해병대가 숨졌던 자살테러 공격에 뒤이어 얻어낸 이 자그마한 승리에 흥분하여 대통령은 이렇게 환호했다. "우리 군대가 다시 일어나 당당히 우뚝 섰다." 그리고 이것이 『뉴

욕타임즈』의 1면 머릿기사가 되었다.[24]

　긴급한 분노 작전보다 더 지속적이면서 치명적이었던 것은 새 행정부가 라틴아메리카 전역에서 당당히 우뚝 서는 일에 전념한 일이었다. 그러다 보니 인권에 대한 관심은 던져버리고 공개적으로 그리고 은밀하게 '반공'활동을 벌였는데, 대리전쟁과 대리테러의 사례연구라 할 이 내용은 다음 장에서 따로 논의할 필요가 있다.

중앙아메리카와 남아메리카에서 미국이 벌여온 공개적·비공개적 개입의 길고도 대개 수치스러운 역사는 20세기의 시작으로 거슬러 올라간다. 2차대전 이전에는 이런 개입이 주로 미국의 사업상 이익을 지키기 위해 행해졌는데, 여기에는 심지어 니까라과(1912~33)와 아이띠(1915~34)에서의 장기적 군사점령까지 들어 있다. 냉전 시의 개입은 좀더 은밀해졌지만 여전히 무자비했다. 라틴아메리카 경제와 국제관계사를 전공한 저명한 학자인 존 코츠워스의 계산에 따르면, 1948년에서 90년 사이에 미 정부는 "라틴아메리카에서 적어도 24개의 정부를 전복시켰는데, 4건은 직접적으로 미 군대를 동원해서, 3건은 CIA 주도의 반란이나 암살을 통해서, 그리고 17건은 미국이 직접 참여하지 않고 그 지역의 군대나 정치세력을 부추기는 방식으로, 대개는 군사적 쿠데타를 조장하는 방식으로 이루어졌다".[1]

전후에 일어난 이런 개입 중에서 과페말라(1954), 브라질(1964), 칠레(1973)에서 민주적으로 선출된 정부를 전복한 일은 악명이 높다. 하지만 남쪽을 바라보는 북아메리카 사람들이, 워싱턴이 마음대로 하지 못했던 이 정치적 사건만큼 집착하는 것은 또 없었으니, 그것은 바로 1959년 새해 벽두에 독재자 풀헨시오 바띠스따를 권좌에서 쫓아낸 꾸바 혁명이다. 카리브해 국가에서 벌어진 이 맑스주의 혁명은 소련 미사일이 꾸바에 배치된 사실을 미국이 알아낸 1962년의 위험천만한 꾸바 미사일 위기에 의해 심화되었다. 그 후 워싱턴 수뇌부와 라틴아메리카의 우익 동맹세력은 '또다른 꾸바'를 막는다는 명목으로 전투적 맑스주의 선동가들에서부터 사회주의자와 자유주의자, 나아가 기존 질서에 비판적이거나 도시와 시골 빈민의 비참한 상황을 개선하기 위해 노력하는 사람들을 비롯한 정부에 반대하는 모든 운동에 대해 전면적인 탄압을 계속해나갔다.

1960년대 중반 미 의회의 조사 보고서는 "1960년부터 65년까지 〔꾸바 수장인〕 피델 까스뜨로의 암살계획에 CIA가 관여한 경우가 적어도 8건이 있다는 구체적 증거를 발견했다"고 적고 있다.[2] 이는 첩보전을 좋아하는 미디어가 보도하기에 좋은 소재였다. 국경 남쪽의 경찰국가들이 하나같이 반공주의의 이름으로, 그리고 하나같이 미국의 도움을 받아 모든 종류의 비판세력을 조직적으로 탄압한 것은 더 파악하기도 힘들고 심지어 눈에 띄지도 않았다.

이런 식의 원조에서 결정적인 조치가 1963년에 이뤄졌다. 1946년에 창립되어 처음에는 다른 이름으로 빠나마에 존재했던 아메리카 군사학교(SOA)에 케네디 행정부가 중앙아메리카와 남아메리카의 현지인 군사요원·경찰에 대한 반(反)첩보활동과 반란진압 활동의 임무를 부여했던 것이다. SOA의 수업은 대부분 스페인어로 이뤄졌다. 20세기 말쯤 그곳에서 훈련받은 인원은 스물두서너 국가 출신의 55만여명 요원들과 경찰·민간인 4000여명에 달했다. 그 학교 졸업생 중 엄청나게 많은 수가 아르헨띠나, 꼴롬비아, 과떼말라, 뻬루, 엘살바도르, 에꽈도르, 온두라스, 빠나마, 니까라과를 유린할 '더러운 전쟁'의 지도자격 인물이 될 것이었다. 그 과정에서 SOA는 암살학교, 독재자학교, 쿠데타학교 같은 조롱 섞인 별칭을 얻었다.[3]

더러운 전쟁에 편을 드는 일은 전세계적으로 미국과 소련을 가담시켜 소위 '냉전의 긴 평화'를 작살낸 대리전쟁에서는 전형적인 것이었다. 라틴아메리카에서 이것은 주로 '반란진압' 활동을 수행하는 독재정권을 비롯하여, 개혁적인 좌파정권을 전복하는 데 여념이 없는 우익운동에 미국이 자금이나 훈련, 조직상·작전상의 조언, 무기, 위치

정보 등을 제공하는 방식으로 이뤄졌다. 워싱턴은 한편으로 국가의 폭력을 지원하고 다른 한편에서는 국가에 대항하는 폭력과 테러행위를 지원했던 것이다.

남아메리카의 초국가적인 국가지원 테러활동이었던, '꼰도르'(Condor)라는 이름의 극비작전은 전자에 해당하는 미국 비밀지원의 수혜처였다. 1960년대 후반부터 시작해서 75년에 공식적으로 확고히 자리를 잡은 꼰도르 작전에는 '남미 원뿔꼴 지역'의 국가들인 아르헨띠나, 칠레, 우루과이, 브라질, 빠라과이, 볼리비아(후에 에꽈도르와 뻬루도 가세)의 독재정권 사이에서 행해졌던 국가 간의 공동 첩보활동, 체포와 납치, 송환, 심문, 고문, 암살, 비사법적 처형 등이 들어 있었다. 1970년대와 80년대에 꼰도르 작전으로 5만명 이상에서 6만명에 이르는 사람들이 살해되거나 '실종'된 것으로 파악되고, 수도 없이 많은 사람이 감옥에 갇혔으며 대다수가 고문에 시달렸다. 그중에는 고국을 떠나 난민으로서 인권운동을 벌이던 망명자들도 적지 않았다.[4]

무장전투원들과 자칭 맑스주의자들만이 아니라 현 우익정권을 조금이라도 비판하거나 사회정의를 옹호하는 기색만 보이면 누구든 이 공동 국가폭력의 표적이 되었다. 이는 단지 군사정권의 밀실에서만이 아니라 CIA와 SOA가 제공하는 훈련내용에도 명시되어 있었다. 1980년대부터

90년대에 걸쳐 폭로된 교육용 자료, 미디어에서 '고문 매뉴얼'로 두루 불리는 자료들을 통해, 이제는 이 교육에 대해 좀더 분명한 사실을 알게 되었다.

많은 부분이 스페인어로 번역된 이 빽빽한 매뉴얼은 비판 세력이나 반체제인사를 낙인찍는 데 보통 '반란군'이나 '게릴라'라는 단어를 사용한다. 1987년 스페인어로 진행된 SOA 수업에 도입된 교안인 「테러리즘과 도시 게릴라」는 이 점을 간략하게 표현하고 있다. "적대적 조직과 단체의 예로는 불법무장단체와 노동조합과 반체제단체가 있다." 또다른 SOA 매뉴얼인 「정보원 다루기」는 이보다 훨씬 더 포괄적이다. "반첩보활동 요원은 모든 조직을 가능한 게릴라 동조세력으로 보아야 한다. (⋯) 다양한 청년조직이나 노동자 조직, 정치단체나 사업단체, 사회단체, 자선단체 등에 정보원을 침투시켜 그 내부에 게릴라들이 잠입해 있는 조직을 찾아낼 수 있다." 교육용 자료들의 다른 곳에서는 명백한 표적의 대상이 난민과 정당, 농민단체, 지식인, 교사와 학생, 대학, 신부와 수녀 등으로까지 더 확장되어 있다. 고문 매뉴얼에서 번역된, 간담을 서늘하게 하는 한 대목은 표적집단을 "종교계 종사자, 노조 조직책, 학생단체, 그리고 그 외 가난한 사람들의 대의에 공감하는 자들"로 규정한다.[5]

1981년 정권을 잡자마자 레이건 행정부는 현지의 실제

사정에 대해서는 냉담할 정도로 무관심한 채, 거칠 것 없는 기세로 이 폭력적인 세계에 발을 들여놓았다. 그에 반하는 증거들이 아무리 쏟아져도, 적은 모스끄바에서 지시를 받고 꾸바의 견습생들이 선봉에 선 단일한 공산주의라고 다시금 단언했다. 1980년대의 정책입안자들이 보기에 그 위협은 특히 중앙아메리카에서 극심했다. 1954년 CIA 주도의 쿠데타 이래로 극악한 탄압이 자행되어온 과떼말라에는 꾸준히 특별한 주의를 기울였다. 엘살바도르와 니까라과 역시 격렬한 반란진압(그리고 반란) 활동의 대상이 되었다. 엘살바도르에서 '반공' 의제에는 어떤 종류이든 모든 반대세력에 대항하여 독재정권을 지지하는 일이 포함되었다. 니까라과는 그 반대의 상황이었다. 거기서는 1936년부터 지속되었던, 미국의 지원을 등에 업은 소모사 가문의 악랄한 독재를 무너뜨린 뒤 상당한 민중의 지지를 받아 1979년에 정권을 잡은 산디니스따 좌파정부에 대항하여 테러리스트 '게릴라' 활동을 벌이는 꼰뜨라 반군을 키우고 지원하기 위해 레이건 행정부가 거의 복음주의적 열정을 쏟아부었던 것이다.

1980년대 중반에서 90년대 중반 사이에 중앙아메리카에서 수행한 미국의 비밀작전과 관련된 기밀문서들과 그 밖의 불편한 정보들이 산발적이긴 했지만 빈번하게 폭로되었다. 그중 많은 수가 1980년에 터진, 센세이셔널하면서 동시에 우스꽝스러운 레이건 시절의 '이란-꼰뜨라' 스캔들에 집중되었다. 그것은 니까라과의 우익 반란군에게 자금을 제공하기 위해, 이스라엘을 중간에 두고 근본주의적이고 반미적인 이란이 이라크(미국은 또한 이 전쟁에서 이라크를 지원하고 있었다)와의 전쟁에서 사용할 무기를 판매한 대단히 복잡한 사건이었다. 이 기간에 표면에 떠오른 CIA와 SOA의 자료 중에서 지금은 별로 기억되지 않는 것들이 있다. 비밀활동의 위계상 낮은 수준이었고 정책 문건도 아니었지만, 그것들 역시 상당한 파문을 일으킬 만한 충분한 이유가 있었다. 미국의 반공 비밀활동을 조종하는 사고방식을 들여다볼 수 있게 해주면서, 냉전의 마지막 10년 동안 수행된 '미국주의의 수출'을 위해 현실적인 차원에서 어떤 것들이 동원되었는지에 대한 생생한 사례연구인 것이다.

처음으로 대중의 관심을 사로잡았던 중요한 교육용 매뉴얼은 꼰뜨라 반군을 위해 CIA가 마련한, 스페인어로 된 지침서였다. 원래 영어본에 「게릴라전에서의 심리작전」이라는 제목이 달린 이 89쪽짜리 문건은 1984년에 언론에 폭로되었을 때 미국사회를 충격에 몰아넣었다. 예를 들어 『타임』은 '반란에 대한 입문서, 어떻게 전폭적인 지지를 얻을 것인가에 대한 실용서'라고 그 문건을 소개한 뒤 이렇게 적고 있다. "농부들의 추수나 글을 읽는 걸 도와준

다든지 위생상태를 개선하는 것처럼 '설득의 기술' 중 얼마간은 온건하다. 하지만 암살과 납치, 협박, 폭도들의 폭력행위처럼 다른 것들은 단연코 잔악하다. 베트콩이나 꾸바의 지원을 받는 엘살바도르 반란군의 지침서라 해도 될 정도다. 만약 그러했다면 우리 행정부는 아마 음험한 세계테러리즘의 온상이라는 주장의 증거로 그것을 눈앞에서 흔들어댔을 것이다."[6]

앞의 문건의 보충자료이자 역시 1984년에 폭로된 것으로 또다른 CIA 스페인어 프로젝트가 있었는데, 니까라과에 공중 투하했던 만화책이었다. 영어로 번역하자면 「자유를 위한 전사의 지침서」라는 제목의 이 문건은 「게릴라전에서의 심리작전」의 악랄함만큼이나 조잡하고 재미없는 내용이지만, 그래도 낮은 차원의 테러 공격의 훈련으로서는 그에 못지않게 곤혹스럽다. 그것은 산디니스따 좌파정부를 마비시킬 목적으로 시민들에게 수십가지의 공공기물 파괴행위(전선 끊기, 기계 파괴, 석유탱크에 흙이나 물 섞기, 방화, 농장 가축 풀어놓기 등)를 지시하고 있다.[7]

1990년대에 뒤늦게 대중의 관심을 받은 고문 매뉴얼은 스페인어로 쓰인 7권의 SOA 교본으로 총 1169쪽에 이른다. 이것은 1987년과 91년 사이에 남아메리카와 중앙아메리카 11개국에 배포되었고, 미 군사학교의 수업에서도 사용되었다. 그 매뉴얼은 카터 행정부 당시 잠정적으로 싹튼

인권에 대한 관심을 레이건 행정부가 묵살해버렸던 1982년부터 사용된 교재를 반영하고 있다. 이 SOA 자료 외에도 CIA '반 첩보활동' 매뉴얼이 두가지 더 있는데, 하나는 1963년 것을 재활용한 것이고 또 하나는 1983년 것으로, 본질적으로는 앞의 것의 복제다.[8]

고문 매뉴얼은 워싱턴 행정부가 비밀활동에서 민주주의나 인권, 법규를 얼마나 전반적으로 무시했는지를 조금이나마 들여다볼 수 있게 해주지만, 다른 방향으로도 또한 밝혀주는 바가 있다. 그중 하나는 실제로 추구했던 것을 그럴듯하게 부인할 수 있는 조치를 확보하기 위해 상당히 공을 들였다는 것이다. 수사적인 차원에서 이는 완곡어법을 사용하고 겸손하게 예의범절을 따르는 식으로 이루어졌다. 예를 들면 암살단은 '자유특공대원'이나 '자유의 전사'로 일컬었고, '하나님과 조국과 민주주의'를 위해 싸운다는 식의 슬로건이 권장되었다. 절차상으로 보자면 그럴듯한 부인을 위한 조치는, CIA와 SOA 활동의 초점을 실제로 직접 폭력을 행사하는 일이 아닌 주로 교육 쪽에 맞추는 식으로 이뤄졌다. 그들은 그것이 우익군대와 준군사부대, 경찰병력에게 침투, 심문, 고문, 테러, 그리고 확인된 적의 '무력화'를 가장 효과적으로 달성할 방법을 가르치는 일이었다는 사실로는 관심을 집중시키지 않았다.

이 다양한 매뉴얼들이 공개되자 워싱턴에서는 예상 가

능한 '대(對)여론 외교'를 가동했다. 그들은 SOA의 교육지침서가 '미국의 정책과 어긋난다'고 선언했다. 그 학교가 인권 존중이 포함된 과정도 제공한다고도 주장했다. '부적절하고 의심스러운' 구문들은 기껏해야 20, 30개 수준이고 그조차도 일부 젊은 교관들이 판단착오로 '구닥다리 정보 자료'를 활용한 데서 발생한 '실수'에 불과하다는 것이었다. 문제가 될 만한 구절들은 '어쩌다 감독에 걸리지 않았을' 뿐이었다. 고문의 조장과 실행은 '몇몇 나쁜 인물'이 주도하여 한 일이다. 그리고 어쨌든 그런 과잉조치들은 모두 "교정되었다".[9]

여론조작이 다 그렇듯이 이 역시 솔직하지 못한 일이었다. 그 매뉴얼은 정말이지 장황해서 지루하기 짝이 없지만, SOA 교관들이 강조했고 가장 학생들의 관심을 끌었던 것은 이 문건이 고문 매뉴얼이라고 불리게 된 바로 그 부분이었기 때문이다. 회한에 찬 핵 전도사이자 뉘우치는 마음으로 모든 걸 털어놓은 CIA 요원들과 마찬가지로 결국 우리에게 돌아온 비밀 요원 조셉 블레어 소령이 이 점을 확인해주었다. 블레어는 베트남전 당시 CIA가 주도한 피닉스 암살 프로그램을 관리하는 책임자 자리에 있었고, 1980년대 초반에는 SOA로 자리를 옮겨 수업시간에 그 논란 많은 매뉴얼의 작성자를 보조하는 일을 했다. 1989년 퇴임한 뒤 1997년에 인터뷰를 하면서 그는 이렇게 설명했다. "우리는 베트남전 당시 정보수집 기술에서 사용했던 매뉴얼을 주로 사용했다. 그 기술에는 살인과 암살, 고문, 강탈, 불법 감금 등이 포함된다."

문제가 되는 부분이 1100쪽이 넘는 SOA 교육 자료의 아주 작은 부분에 불과하다는 주장에 대해 블레어는 "정보 관련 강의를 담당하던 교관들은 7개의 매뉴얼에 들어 있는 최악의 매뉴얼을 사용하여 강의계획을 짰다. 그리고는 이제 와서 그 매뉴얼에서 미국 법을 명백히 침해하는 부분은 겨우 18쪽에서 20쪽이라고 말한다. 하지만 사실은 바로 그 부분이 정보 강의의 핵심"이었다고 지적했다. SOA 강사들이 인권을 가르치는 데에도 신경을 썼다는 주장에 대해서는 그건 몇 시간에 불과했고, 강사나 학생 모두 대충 농담처럼 받아들였다고 말했다.[10]

블레어가 주장했듯이, CIA와 SOA가 '반 첩보'와 '반란 대응' 교육이라면서 전파한 것 중 많은 부분이 본질적으로 1950년대와 60년대에 기관에서 개발했던 자료들을 포장만 바꾸어 사용한 것이다. 「쿠바크 방첩심문」(쿠바크 KUBARK는 CIA의 암호명이다)이라는 1963년 매뉴얼은 타자기로 쳐서 128쪽에 이르는데, 거의 석사논문 수준이다. 주석을 단 긴 서지사항이 가득한 그 자료는 가능하다면 비강압적으로, 그리고 필요하다면 강압적으로 인간적 취약함을 어떻게 효과적으로 이용할지에 대한 심리학과 정신의학적인 최신 결론들을 요약하고 있다. (학자인 체하는 이 글은 그 나름의 독특한 방식으로 '응용' 사회과학을 전쟁에 동원했던 2차대전의 유산을 반영한다.)[11]

「쿠바크 방첩심문」과 1983년 개정판인 「인적 자원 이용 훈련 매뉴얼」은 둘 다 아주 긴 장을 할애하여 '비강압적'이고 '강압적'인 반첩보활동 기술을 설명한다. 1963년 문건은 후자의 범주에 들어가는 대상을 다음과 같이 간략하게 요약한다. "체포와 구금, 독방에 감금하거나 그와 비슷한 방법으로 감각적 자극 박탈, 협박과 공포심 자극, 쇠약, 고통, 감응성의 고도화와 최면, 혼수상태(약물의 사용)와 퇴행의 유도."

이 목록과 그것에 이어 논의되는 강압적 기술은 1960년대 원본 자료에 나오는 거의 모든 것과 함께 1983년 판에서도 마찬가지로 등장한다. 하지만 원본에 관심있는 사람이 보자면, 국방부가 결국 기밀문서에서 해제한 1983년 개정판에서 특이한 점이 보인다. 손으로 직접 수정한 것이 가득한데 그것은 원본 글씨는 읽을 수 있도록 그대로 놔둔 상태로 악독한 부분들을 강조해놓은 것이다. 기밀에서 해제된 변조된 문서에는 또한 「폭력 사용의 금지」라는 서문 격의 글이 새로 붙어 있는데, 거기에는 "심문에 이용할 목적으로 폭력이나 정신적 고문, 협박, 모욕을 사용하거나 어떤 종류든 불쾌하고 비인간적인 대우를 하는 일"은 불법

이고 오히려 역효과를 낼 때가 많다고 적혀 있다. 그러고
는 예상대로 그런 기술에 대한 자세한 설명이 이어진다.

수정된 부분 중에는 뒤틀린 재미를 주는 것도 있다. 예
를 들어 1983년 문서의 시작 부분에는 이런 말이 있다. "강
압적 기술의 사용을 강조하지는 않지만, 여러분들이 그것
에 대해 잘 알고 올바르게 그것을 사용하는 방법을 알아두
기를 분명히 바란다." 연필로 수정해놓은 것은 이렇다. "우
리로서는 강압적 기술의 사용이 개탄스럽지만, 그것을 피
하기 위해서라도 여러분들이 그에 대해 잘 알아두기를 분
명히 바란다." 마찬가지로 그 장의 제목인 "강압적 '심문'
기술"도 "강압적 '심문' 기술과 그것을 사용해서는 안 되
는 이유"로 수정되어 있다.

허울뿐인 변경사항을 무시한다면, 수정본을 대한 사람
은 누구나 1960년대에서 80년대로 이어진 심문의 기술을
분명히 알 수 있을 것이고 또 아마 그렇게 될 것이다. 1963
년 판과 1983년 판에는 체포한 인물의 눈 가리기와 수갑
채우기, 옷 벗겨 알몸으로 만들고 '몸에 있는 구멍이란 구
멍은 전부' 철저히 검사하기, 맞지도 않는 수의 입히기, 완
전히 접촉을 끊기, 가족을 해치겠다고 위협하기, 먹지도
자지도 못하게 하고 화장실도 못 가게 하기, 극도로 덥거
나 춥거나 습한 상태에 두기, 독방에 때로는 '빛이 안 드는
감방'에 가두기, 한참동안 차려 자세로 두기 등의 언급들

이 전체적으로 여기저기에 나온다. 하지만 심지어 1963년 매뉴얼조차 고통을 주고 쇠약하게 만드는 등의 방법에 지나치게 의존하면 역효과가 나고 거짓 자백을 초래할 수 있다고 주의를 주고 있다.

1963년 매뉴얼은 "신체적 위해를 가하거나" "순순히 말을 듣게 만들기 위해 의학적·화학적·전기적 방법이나 물질을 사용하려면" 혹은 "감금 자체가 그 지역에서 불법일 경우"나 CIA까지 추적이 가능할 경우에 심문관들은 더 높은 지휘관의 승인을 받아야 한다고 강조한다. 더 실제적으로는 "변압기나 다른 보정 기구가 필요할 경우 사전에 준비할 수 있도록 전류를 미리 알아놓아야 한다"는 조언도 있다. (1981년 우루과이의 어느 정보장교는 자신이 본 훈련 매뉴얼에는 전기고문을 할 때 전극을 붙일 약 35군데의 신경점을 열거해놓은 것도 있었다고 보고했다. 다른 초기 SOA 졸업자는 '거리 노숙자들'을 데리고 들어와 군인 복장을 한 미국 의사들이 '몸의 신경말단'에 대해 설명을 하고 '사람이 죽지 않게 하려면 어디어디를 고문하고, 어디어디는 하지 말아야 하는지' 시연하는 수업을 들은 적이 있다고 회고했다.)[12]

「쿠바크 방첩심문」과 그 후손인 1983년의 「인적 자원 이용 훈련 매뉴얼」은 1982년과 91년 사이에 사용된 SOA 매뉴얼들과 마찬가지로 국경 남쪽의 경찰국가 동맹국들에 대한 비판세력을 어떻게 알아내서 구금, 심문하고 그것을 그만두게 할 것인지에 대해 연습하는 것이었다. 반대로 CIA가 꼰뜨라 반군을 위해 작성했고 1984년 대중의 주목을 받게 된 「게릴라전에서의 심리 작전」의 경우 교육의 대상은 게릴라와 반군이다. 예를 들어 "암묵적 테러와 노골적 테러" "선동 효과를 위한 선택적 폭력의 사용"처럼, 각 장의 제목만으로도 교육내용이 뭔지 감을 잡을 수 있다.

문건 중간에 이런 설명이 있다. "무장 게릴라 병력은 분쟁과 관련해 중립적이거나 상대적으로 소극적인 마을이나 소도시 전체를 점령할 수 있다." 그러고 나서 이 병력은 나아가 군과 경찰의 시설을 파괴하고, 통신을 두절하고, 잠복을 배치하고 모든 정부 관료와 직원을 '납치'해야 한다. 그 문장은 이렇게 이어진다. "일반적으로 무장선동팀은 전투에 참여하는 것을 삼가야 한다. 하지만 이것이 불가능할 경우 '치고 달리기'의 전술을 가진 게릴라 부대가 되어 공격적인 돌격사격으로 적에게 최대치의 사상자를 초래하고 적의 무기를 확보한 뒤 신속하게 물러나야 한다."

또다른 곳에서는 2차대전이 발발했을 때 나치가 사용했던 '제5열' 전술을 본받을 것을 요구한다. 그 전술을 통한 침투와 전복으로 독일은 폴란드, 벨기에, 네덜란드, 프랑스, 노르웨이를 침공할 수 있는 기반을 닦았다. 조언은 이렇게 계속된다. 필요할 경우 '전문 범죄자들'을 고용하여

"특별히 엄선한 '일'"을 맡겨야 한다. 다른 경우에는 "대의를 위한 '순교자'를 만들어낼" 대결국면을 조장하는 것이 바람직할 수 있다. 꼰뜨라 반군들에게 '대중이 결집한 집회'에 '돌격부대'를 데리고 가라고 이르는데, "이들은 무기(칼, 면도칼, 체인, 몽둥이, 곤봉)를 소지해야 하고 순진하고 귀가 얇은 집회 참여자들의 뒤에 약간 떨어져서 행진을 해야 한다."

◆

고문 매뉴얼에서 표적의 '무력화'가 언급될 때, 이는 보통 살인을 완곡하게 이르는 것으로 인식된다. 라틴아메리카를 초토화한 더러운 전쟁의 특징적인 면이라 할 수 있는 기괴한 고문, 암살단, 학살, '실종' 등을 미국의 비밀작전 부대가 지원하고 장려했다는 증거만 있을 뿐 직접적으로 관여했다는 근거는 없다. 하지만 동시에 미국이 그 전쟁에서 한쪽 편을 들어 '반공주의' 세력을 훈련시키고 물적 지원을 하는 중에 인권이나 법칙을 진지하게 고려했다는 증거도 거의 없다. 니까라과에서는 꼰뜨라 반군이 정부에 대항하여 살인적인 '게릴라' 테러 작전을 펼치도록 교사했다. 대리전쟁과 대리테러, 그리고 인권과 심지어 기본적인 품위까지 저버리는 일이 모두 함께 벌어졌다.

언제나 그렇듯이 이 폭력으로 인한 손실을 정확하게 측정하기란 불가능하다. 남아메리카와 중앙아메리카 사회에 끼친 정치적·문화적·정신적 비용은 실로 어마어마했고, 어느 정도는 지금도 그러하다.『케임브리지 냉전사』에서 존 코츠워스는 니까라과의 꼰뜨라군 반란이 경제를 완전히 망가뜨려서 정부가 거의 대부분의 사회계획을 포기하지 않을 수 없게 되었고, "3만명의 니까라과 국민이 사망했는데 그들은 대부분 산디니스따 혁명을 지지한 민간인"이었다고 적고 있다. 또한 1979년에서 84년 사이에 엘살바도르의 사망자가 거의 4만명에 달하는데 그들 대부분은 무장세력에게 살해당한 비무장 전투원이었다고 한다.

코츠워스는 또한 지나가는 말로 1982년 12월에 레이건 대통령이 과떼말라시티를 방문하여 공산주의의 위협으로부터 나라를 지켜낸 데 대해 지배세력인 군부를 칭찬했다고 적고 있다. 1982년에서 83년의 기간만을 보더라도 그 정부는 80만명의 농부들을 억지로 '시민순찰대'로 만들고, 반란군을 색출하여 다 죽이지 않으면 그들의 마을을 쑥대밭을 만들어놓겠다고 협박했다. 그 결과 추정하건대 686개의 부락과 촌락이 파괴되고 최소 5만명에서 최대 7만 5000명이 죽임을 당했다.

다 합하면 중앙아메리카에서는 냉전 시기에 3000만명의 인구 중 거의 30만명이 사망한데다 거주지를 떠난 피난민이 100만명(대부분이 미국으로)에 달한다고 코츠워스는 추정한다. 공개된 CIA와 국무부 자료를 비롯하여 공산주의 정권에 동조하지 않는 다른 보고서들을 조사한 뒤 코츠워스가 이른 결론은 이러하다. "소비에뜨가 스딸린의 강제노동수용소를 해체한 즈음인 1960년에서 소련이 붕괴한 1990년 사이에, 라틴아메리카의 정치범과 고문 희생자, 처형된 비폭력적 정치 비판세력의 수는 소련과 동유럽 위성국가의 그것을 훨씬 넘어선다. 다시 말하면 인적 희생의 차원에서 가늠했을 때 1960년에서 90년 사이에 소련 진영전반이 여러 개별 라틴아메리카 국가들보다 덜 억압적이었다는 것이다."[13]

소련에서 수없이 벌어진 끔찍한 폭력과 억압이 별 것 아니었다는 말이 아니다. 다만 우리는 그것을 더 넓은 시각에서 볼 수 있게 되었다.

6장
신 세계질서와 구 세계질서: 1990년대
★ ★ ★

미국은 1945년 이래로 가져본 적이 없던 자신감과 축하 물결 속에서 20세기의 마지막 10년에 들어섰다. 미국을 세계의 '유일한 강대국'으로 만들어준 소련의 붕괴가 그 주된 이유였다. 게다가 그와 관련된 두개의 다른 사건이 같은 때에 일어나 그 축하의 기운을 더해주었다.

그 하나는 1991년의 짧은 걸프전에서 거둔 눈부신 승리였다. 미국이 이끈 다국적군은 아군 측 사상자는 거의 없이 이라크군을 격파했다. 7년 전의 그레나다 침공과 아주 대조적으로 이것은 주요 군사행동이었다. 워싱턴은 여러 아랍 국가들까지 포함하여 34개국으로 이루어진, 2차대전 이래 가장 대규모의 국제적 연합군을 이끌었다. 이 국가 간 충돌을 위해 양쪽에서 거대한 병력이 동원되었는데,

연합군 쪽에 거의 70만 병력(그중 50만명 이상이 미군이었다), 이라크 쪽에 수십만명이었다.

연합군의 승리는 너무나 일방적이었다. 사우디아라비아 영토와 그 주변에 5개월 반 동안 병력증강이 이뤄진 뒤, '사막의 폭풍'(Desert Storm)이라는 이름의 실제 군사작전이 펼쳐진 것은 1월 17일부터 2월 28일까지 겨우 43일밖에 걸리지 않았다. 거의 저항도 없는 상태에서 미국 주도의 연합군 공군병력이 이라크 전체에 맹폭격을 가했고, 이것을 서곡으로 '100시간 지상전'(2월 23일부터 27일에 걸친)이 진행되어 이라크 패잔병들을 '죽음의 고속도로'라는 지옥으로 몰아넣었다. 공식적인 미군 역사에 기록된 제목 그대로 이것은 '회오리바람 전쟁'이었다.[1]

승리감을 더해준 두번째 원인은 실시간으로 보여지는 '군사혁신', 그리고 이 혁신을 통해 미국의 명백한 군사적 우위가 결정적으로 확인되었다는 점이다. 어느 군사평론가가 표현한 바에 따르면, 이때는 2차대전 이후의 현대전을 특징지었던 '산업전쟁'과 상대적으로 유도장치가 낙후된('덜떨어진') 폭탄이, 레이더에 잡히지 않는 스텔스 공군기와 정밀유도('스마트') 무기 같은 신기술에 의해 극적이고도 의미심장한 혁신을 이룬 이행기였다.[2]

그 변환은 여전히 진행 중이지만 전쟁의 신기원은 이미 확연히 찾아볼 수 있다. 이 전쟁은 정말이지 보기 드물게 TV의 관심을 받았고, 밤낮없이 이어지는 언론의 생방송은 그 난장판을 거의 비디오게임이나 헐리우드의 대단한 행사, 스포츠 실황중계와 다를 바 없이 만들었다. (어떤 TV 방송은 심지어 미 폭격기의 최첨단 표적 시스템의 십자 표시에 표적이 나타나는 걸 내보내기도 했다.) 우주와 사이버 공간이 전통적인 육해공 군사영역만큼이나 중요해졌다. 위성과 레이저, 초소형 컴퓨터 등이 레이더유도폭탄(LGB)을 포함한 정밀유도병기(PGM)를 표적까지 조종한다. 스텔스 전투기는 이라크의 레이더에 잡히지 않았다. 적외선 야간시야 기술로 어둠도 개의치 않게 되었다. 전지구 위치파악 시스템(GPS) 덕에 이제 군사용어로 '전투공간'이나 '디지털 전장'이라고 부르는 존재가 생겨났다. 대중적으로 걸프전은 종종 '컴퓨터 전쟁'이라는 이름으로 불렸다.[3]

나중에 '전쟁에서의 혁신'에 대한 싱크탱크의 보고서가 분석한 바에 따르면 이러한 기술적 변화는 열가지 '핵심적 군사 역량', 즉 인지, 연결, 범위, 내구성, 정밀성, 소형화, 속도, 스텔스, 자동화, 시뮬레이션에서의 중요한 발전으로 이루어졌다. 디지털 혁명으로 가능해진 '정밀전쟁'에서 이렇게 경이로운 진전을 이루었음에도 불구하고 공군력과 다른 무력 도구에서 압도적인 군사력을 유지하고 행사해야 한다는 펜타곤의 여전한 믿음을 바꾸지는 못했다. 그저 적에 대한 '비대칭적 기술 우위'를 유지해야 한다는 전후의 근본적인 임무에 강박적으로 새로운 차원의 정밀함만 더했을 뿐이다.[4]

'비대칭'이라는 개념과 그 냉혹한 복잡성은, 10년쯤 뒤 초보적인 무기와 변칙적인 전투에 의존하는 비국가 테러리스트들과 비군인 반란군들이 미국의 초정밀 군사기계에 도전해왔을 때 미국의 군 관계자들을 다시 괴롭히게 될 것이었다. 하지만 그때까지는 ── 심지어 그 이후로도 ── 전쟁기획자들은 비대칭적인 기술 우위의 확보를 향한 끝 모를 추구에 최면이 걸려 있었다.

◆

군사혁신은 그 열렬한 주창자들의 주장만큼 실제로 많은 변화를 가져오지는 않았다. '스마트 폭탄'과 '외과수술식 타격'이 신문 머릿기사를 장식했지만, 걸프전에서 실제 사용된 정밀유도병기는 전체의 7~8퍼센트밖에 되지 않았다. (유도장치 없는 폭탄이 21만개가 사용된 데 비해 PGM은 1만 7000개가 사용되었다.) 여전히 승리는 어마어마한 공군력과 지상군에 의존하는 전통적 미국식 전쟁방식에서 나왔던 것이다. '덜떨어진' 무기에는 산탄식 폭탄(10에이커 이상의 넓은 범위에 걸쳐 수많은 작은 포탄을 퍼뜨리는 폭탄으로 베트남전쟁 당시 악명이 높았다)이나 '데이지 커터'(역시 베트남전에서 악명 높았던 1만 5000파운드짜리 폭탄으로 반경 600야드 내의 모든 것을 초토화할 수 있다), 그리고 열화우라늄 철갑폭탄처럼 논란이 많은 폭탄도 포함되어 있었다.

지상군이 본격적으로 전투를 시작하기 한달 전부터 공중 미사일 폭격으로 이라크의 군사기반시설과 민간시설이 완전히 파괴되었다. 일반 전투기에 헬리콥터까지 포함해서 11만 6000번 이상의 출격이 있었는데, 약 85퍼센트를 미국이 담당했다. 연합군 측 총 손실은 미국 63기와 동맹국 12기였는데, 그중 42기만이 전투로 초래된 것이고 나머지는 사고로 인한 것이었다. 쏟아 부은 폭탄의 양(8만 8500톤)은 1945년 일본에 떨어뜨린 양의 거의 절반에 달했고, 민간시설이나 민군겸용시설의 파괴는 특히 바그다드에서 심각한 수준이었다. 일단 공군력이 할 일을 다하자 지상군 — 다양한 '신세대' 탱크와 헬리콥터 등을 앞세운 — 이 파괴적인 '100시간' 전투로 이라크 지상군에 최후의 일격을 안겼고, 그로써 전쟁은 끝났다.[5]

전쟁이 끝나고 몇년 후, 한 프랑스 외교관은 『포린어페어』에 글을 실어 "도대체 무슨 근거로 동맹군들이 이라크의 기반시설과 산업시설 — 발전소(설비용량의 92퍼센트), 정유공장(생산용량의 80퍼센트), 석유화학단지, 통신

센터(135개 전화통신망 포함), 다리(100개 이상), 도로, 고속도로, 철도, 제품을 실은 수백대의 기관차와 유개 화차, 라디오와 텔레비전 방송국, 시멘트 공장, 알루미늄과 직물, 전기 케이블, 의료품을 생산하는 공장—을 체계적으로 파괴하고 망가뜨린 건지"이해할 수 없어하는 이라크 주민들의 반응을 널리 환기시켰다.

이로 인해 초래된 고통의 한 예로, 그는 "발전소가 마비되어 이라크 사람들은 마실 물이 없고, 펌프장을 통한 농지에 물을 댈 수도 없고 하수체계도 작동하지 않았다. 쓰레기와 온갖 잔해가 산처럼 쌓이고 쥐들이 창궐하며 전염병이 퍼졌다. 발전기가 없는 병원은 수술도 할 수가 없었다"고 적고 있다.[6]

다른 쪽에서도, 특히 정치 좌파 쪽에서도 비슷한 비판이 나왔는데, 이에 대한 미국의 공식적 답변은 두 방향으로 이뤄졌다. 하나는 이라크가 그러한 파괴에서 금방 회복할 것이라는 주장이었다. 그보다 의미심장한 두번째 입장은 연합군이 민간인과 비전투원에 대한 '부수적 피해'를 피하기 위해 대단히 주의했음을 역설한 것이다. 공군 작전요약보고에 따르면 실제로 "'무혈'에 대한 지향이 전쟁수행에서 필수불가결한 부분"임을 확인했다는 것이다.[7]

'무혈'은 군사기획 집단과 '대여론 외교'에서 애용하게 된 일종의 그럴듯한 과장법이 되었다. 그것은 2차대전을 비롯하여 미국이 참전한 한국전쟁과 베트남전 당시 공중전의 특징이었던, 인구밀집 지역에 대한 집중폭격과는 근본적으로 달라진 변화를 반영했다. 연합군 측에서 그 명칭은 사실 거의 적절하다 할 만해서, 폭력이 감소했다는 주장을 뒷받침하는 강력한 정보가 된다. 걸프전의 총 사망자수는 '아군의 총격'으로 인한 사망자 35명을 포함하여 미군 전사자 148명에 화약폭발 같은 비전투 사고로 인한 사망이 약 150명 정도다. 이라크가 침공한 쿠웨이트를 뺀 연합군 사망자는 다 해서 100명이 넘지 않았다.[8]

이라크 쪽을 보자면, 추정치가 많이 차이가 나긴 하지만 전반적으로 과거의 주요 전쟁들과 비교했을 때 그 수가 크게 높지는 않다. 한번은 이라크 정부 자체가 공중전으로 인한 직접적인 민간인 사망자수를 공표했는데, 믿기 힘들 정도로 정확하면서 얼마 안 되는 2278명이었다. 가장 높은 전사자 추정치는 2만명에서 3만 5000명에까지 걸쳐 있다. 하지만 여기서 다시, 더 광범위하고 장기적인 사망률에서 나타나는 전쟁의 치명적 영향력이라는 문제를 마주하게 된다. 그런 점에서 1993년에 발표된 미국 인구통계학자의 조사는 전체 이라크 사망자수가 20만 5000명에 가까울 것이라고 결론을 내렸다(전투 중 사망한 군인 5만 6000명과 민간인 3500명, 전쟁이 끝난 뒤 미국 정부가 조장해놓고 지원은 하지 않았던 전쟁 직후 쿠르드족과 시아파 폭동으로 사망한 인원 3만 5000명, 그리고 전기설비, 하수와 수질 정화 시스템, 의료기관, 국내 도로망과 배급 체계의 손상으로 인한 '전후 부정적인 보건 영향'이 원인이 되는 사망자 11만 1000명). 이 계산에 따르면 전쟁과 관련한 보건의 영향으로 사망한 인원 중 거의 7만명이 15세 이하의 아동이고 8500명이 65세 이상의 노인이었다.[9]

◆

겉보기에 이렇게 결정적이었던 걸프전의 승리는 대부분의 미국인들에게 행복감뿐 아니라 역사적으로 정화된 느낌을 안겨주었다. 예를 들어 그로부터 20년 후에 미군이 출간한 책자는 여전히 걸프전에서의 '압도적인 승리'로 "근동 지역과 전세계에 걸친 외교정책에서 미국은 자신감과 적극성을 되찾았다"는 단언으로 시작한다. 이렇게 자신감을 되찾게 된 역사적 맥락은 분명하다. "냉전 말기의 미군은 불과 20년 전 베트남에서의 패배의 상처에서 벗어난 군대와는 아주 다른 조직이었던 것이다."[10]

이는 그레나다 침공 이후 자신만만해진 군대에 대한 레이건 대통령의 호기로운 주장을 연상시키는데, 그 불안정한 허세는 이제 대규모 병력과 엄청난 무력을 통한 승리로 재천명되었다. 레이건의 후임인 조지 H. W. 부시 대통령도 이라크군을 궤멸하고 난 1991년 3월 초에 '베트남이여 안녕' 식의 주문을 반복했다. 그의 말은 두번의 다른 연설에서 나오는데 두 연설은 대개 하나로 혼동된다. 3월 1일 대통령은 워싱턴의 소규모 청중 앞에서 이렇게 말했다. "맹세코, 우리는 베트남 증후군을 완전히 날려버렸습니다." 다음 날, 페르시아만의 군인들을 대상으로 한 라디오 연설에서 그 유명한 주장이 등장한다. "베트남의 유령은 아라비아반도의 사막모래 속에 영원히 묻혔습니다."[11]

이렇게 충만한 군사적 사기는 소련의 붕괴와 시기적으로 맞아떨어지면서, 미국이 이제 ─ 헨리 루스가 전망한 미국의 세기에서 50년이 지난 뒤 ─ 진정으로 주도권을 잡았다는 자신감을 북돋았다. 부시 대통령은 심지어 사담 후세인 세력을 완전히 물리치기 전에도 이러한 비전을 광고하기 시작했다. 1990년 9월 11일, '사막의 폭풍' 작전이 시작되기 4개월 전에 그는 의회에서 전쟁을 위한 군사력 증강을 미국이 "테러의 위험에서 더 자유롭고, 더욱 강력하게 정의를 추구하고, 더욱 확고하게 평화를 추구하는 (…) 새로운 질서"로 나아가는 길을 주도할 수 있는 기회라고 설명했다. 그는 이라크에서의 첫번째 연합군 공습을 발표한 1991년 1월 16일에도 이러한 낙관적인 예측을 되풀이했다. 1월 29일 국정연설에서 대통령은 다시 한번 "평화와 안전, 자유, 규칙"이 승리하는 새로운 세계질서를 그려 보

였다.[12]

1990년대 미국의 '새로운 세계질서' 패러다임은 서로 중첩되는 여러번의 군사계획을 통해 실행에 옮겨졌다. 그 계획들 모두 1990년 이전의 선례가 있었지만 냉전과 걸프전에서의 두번의 승리가 그것을 새로운 차원으로 끌어올렸다. 첫번째는 군의 모든 분야가 걸프전의 교훈을 토대로 군사혁신의 기술적·조직적 잠재력을 완전히 실현하기 위해 총력을 기울인 것이다. 두번째는 특히 중동 같은 분쟁다발 지역에 역점을 두어 탈냉전 시대 미국의 전지구적 임무를 재정의하는 일이었다. 이를 위해서 준군사적 특별작전을 강화하고 이미 전세계에 수도 없이 퍼져 있는 군사기지망을 더욱 확장하게 되었으며 해외에서 공개적으로나 비밀스럽게 이뤄지는 '개입'에 박차를 가했다.

동시에 1990년대에는 핵억제 원칙에 대한 근본적인 수정이 있었다. 이것은 한편으로 미국과 소련(현 러시아)의 핵병기를 상당한 정도로 축소하는 일을, 다른 한편으로는 남아 있는 미 병기로 누구를, 그리고 무엇을 억제할지를 재정의하는 일을 수반했다. 결국 이러한 핵 관련 전략은 기존의 비축량을 '현대화'해야 한다는 운동으로 바뀌었는데, 이는 예전의 핵무기 경쟁이 분명히 보여줬듯이 갈수록 많아지는 다른 '핵보유국'들의 맞대응을 촉발할 것이 확실했다.

상대적으로 낙관적이었던 이 기간 동안 펜타곤 기획자들이 보여준 기술에 대한 집착, 그리고 전략의 입안과 작전에 대한 주도는 강력하고도 정교했다. 군사상 혁신과 관련해서는 전문용어가 난무하고 머리글자 단어들이 홍수를 이루었다. 1991년 '컴퓨터 전쟁'에서 컴퓨터 네트워크가 전장 응집력과 '상호작전 운용성'을 보장하는 데에서 실제로 제대로 기능하지 않았다는 사실이 이러한 용어의 과잉을 더욱 부추겼다. 대중적인 군사 은유에 따르면 각 군은 여전히 '연통 형식'이라, 각각의 디지털 플랫폼과 네트워크에 묶여 있다는 것이다.

그렇게 따로 노는 상황을 바로잡고자 '네트워크 중심전'을 개선하고 전체를 아우르는 '시스템 복합체계의 구성'을 현실화하기 위해 엄청나게 많은 이론적·실제적 전문 지식이 동원되었다. '지휘, 통제, 통신, 컴퓨터, 정보'에 '감시와 정찰'을 더해서 만든 'C4I/SR'은 아주 중요한 약어가 되었다. '고고도 위성 구성'(HASA)은 디지털 전장에서 상호작전 운용성을 보장하는 데 필수적인 부분이었다. '우주 적외선 시스템'(SBIRS)과, 대중적으로는 드론으로 더 잘 알려진 '무인항공기'(UAV)도 마찬가지였다.[13]

각 군마다 '전사를 위한 C4I'와 '21세기를 위한 C4I'—1990년대 초반에 유행한 문구들— 등을 수립하고 시행하느라 정신이 없었다. 예를 들어 해군과 해병대는 이를 위해 '코페르니쿠스'라는 이름의 프로젝트를 만들었다. 그에 해당하는 육군의 계획은 '엔터프라이즈'였고, 공군은 '허라이즌'이었다. 하지만 '전 영역 우세'만큼 큰 반향을 일으킨 구호도 없었을 것이다. 그것은 자주 인용되는 합동참모본부의 두 강령──1996년 7월자 「공동 비전 2010」과 업데이트된 2000년 5월자 「공동 비전 2020」──에서 눈에 띄게 강조되었다.

1996년 합동참모본부는 "전 영역 우세가 21세기에 우리 군대에 바라는 핵심적인 특성이 될 것"이라고 선언했는데 「공동 비전 2020」에서 다음과 같이 간략하게 정의를 내리고 있다. "전 영역 우세라는 명칭은 미군이 구체적인 상황에 알맞게 병력을 조합하여 우주와 해양, 지상, 공중, 정보 등 모든 영역에 접근하여 자유롭게 작전을 수행함으로써 신속하고 지속적이며 동시통합적으로 작전을 수행할 수 있다는 것을 의미한다."[14]

◆

1996년, 대학에 기반을 둔 한 시스템 분석가는 디지털화된 전장에 대한 높은 기대를 이런 말로 표현했다. "과거에 전투의 성공을 위한 열쇠는 무기를 잘 사용하는 것이었다. (…) 미래에 성공적인 합동작전의 열쇠는 많은 경우 정보의 최대 활용이 될 것이다." 비슷한 시기에 어느 고위급 해군전략가는 새로운 세계질서를 맞아 미군의 사고방식 아래에 깔린 희망과 두려움을 이렇게 간략하게 전달했다. "시스템 복합체계와 군사상 혁신(RMA)은 그리 멀지 않은 미래에 뾰족한 창끝이 더 작아지고 더 날카로워져서 적의 경동맥을 한번에 뚫어버릴 수 있는 가능성을 보여준다." 이어서 그는 '동등한 경쟁자'로서의 소련이 사라져버린 후에 구체화된 '말할 수 없이 모호하고 위험한 세계'— '연합이 동맹과 병행되거나 어쩌면 그것을 대체해버릴' 세계 — 에 감도는 전운에 대해 곰곰이 따져본다.[15]

이러한 낙관주의와 불안의 혼재는 사실 1990년대에 광범위하게 퍼져 있었다. 대여론 외교가 평화와 안정이라는 새로운 세계질서에 대해 찬가를 불러대는 동안, 중간 지위의 펜타곤 기획자들은 사회참여 지식인들의 작은 목소리를 코러스 삼아 디스토피아적인 무질서의 세계에 관하여 일깨워주었다. 이들 전략가들과 지정학 학자들은 냉전의 양극성과 선명한 이념적 대립의 종결이 평화와 안정을 가져오는 것이 아니라 오히려 세계를 혼란과 무정부 상태나 다름없는 상황의 직전에서 휘청거리게 만들 거라고 보았다.

공론의 장에서 이러한 생각은 새뮤얼 헌팅턴의 '문명의 충돌'(1993), 로버트 캐플런의 '도래하는 무정부 상태'(1994), 랠프 피터스의 '새로운 전사계급'(1994) 등의 문구를 통해 전달되었다. 그 모두는 이런저런 식으로 중앙 정부의 붕괴와 테러리즘을 포함한 종교적·인종적·종족적 폭력 — 전반적으로 제3세계 지역, 그리고 특히 중동 지역에서 — 의 증가를 그려 보인다.

 냉전이 끝난 후 내부인물이었던 군 분석가들이 저술한 글에도 마찬가지로 두려움과 불길함이 가득하다. '전지구적 붕괴' '폭발성 진공' '저강도 분쟁'(LIC) '회색 지역 현상'(GAP) '전쟁 이외의 군사작전'(MOOTW) 등이 그 예다. 1994년에 발행된 군 훈련 소책자인 「군21작전」은 21세기의 잠재적 위협에 대해 다양한 범주를 제시하고 있다. '비국가' 단체의 위협도 그중 하나인데, 좀 난해하지만 그것은 다시 '하위국가, 무국가, 초국가'라는 하위 범주들로 나뉜다. 해병대의 마이크 마이엇 소장이 1990년대 중반에 작성한, 「연안 지역의 혼란」이라는 제목의 영향력 있는 평가서는 자연재해, 제 기능을 하지 못하는 국가, 무질서한 인구의 이동, 인도주의의 위기, 그리고 "전대미문의 규모로 벌어지는 생물학적·화학적·환경적 재앙이나 핵으로 인한 재난의 가능성"이 있는 "잠재적 재앙이 가득한" 세계를 그려 보였다.[16]

 실제로는 새로운 최첨단 기술과 함께 구식의 군사개입도 빠르게 지속되었다. 한 학술조사의 계산에 따르면, 2차 대전과 2002년 사이의 45년 동안 미국은 263건의 크고 작은 군사작전에 개입했고, 그중 1991년 이전에 있었던 것은 겨우 3분의 1밖에 되지 않는다. 나머지 176건이 1991년에서 2002년 사이 12년 동안 일어났는데, 대개 평화유지라는 명목으로 유엔이나 나토와 함께 벌인 경우가 많았다. 그러한 군사개입 중 얼마간은 갑작스러웠고 미국이나 그 동맹국에 대해 좋은 감정을 남기지 못한 경우도 꽤 된다.[17] 미 육군사관학교 졸업생이자 베트남 참전용사인 앤드루 바세비치 같은 비판적 학자가 지적한 바대로, 1980년에서 2001년 9·11테러 사이에 미군은 이슬람 세계의 십여개국(이란, 리비아, 레바논, 이라크, 쿠웨이트, 소말리아, 보스니아, 사우디아라비아, 아프가니스탄, 수단, 코소보, 예멘)을 "침략하거나 점령하거나 폭격을 가했다".[18]

전 CIA 자문위원이었던 정치학자 차머스 존슨이 2004년에 '미국의 군사기지제국'이라 일컬어서 유명해진 전지구적인 군사시설의 네트워크는 이러한 해외 군사작전의 당연한 귀결이었다. 이 제국의 많은 수가 2차대전과 한국전쟁 이후에 공산주의를 '봉쇄'하기 위해 유럽과 아시아에 세웠던 '전진' 기지의 냉전시대 유산인데, 소련의 해체 이후에도 그중 많은 수를 유지하고 있는 것이다.

다른 한편으로 이 군사기지제국의 상당 부분은 중동 지역, 특수하게는 그곳의 석유에 대한 집착을 반영했다. 이것은 1980년대 카터 독트린과 레이건 독트린으로 거슬러 올라가며, 90년대에는 전지구적 붕괴에 대한 사고방식으로 강화되었다. 2003년 초 미국이 두번째로 이라크를 침공하기 전날 자료를 수집하던 차머스 존슨은 펜타곤 자체에서 기록한 장부를 토대로 전세계적으로 미군이 '현재 702개의 해외기지를 소유하거나 임대 중'이라고 계산했다. 그가 보기에 이것은 수를 낮춰 잡은 것이다. "있는 그대로 추산했을 때 우리 군사제국의 실제 크기로 말하자면 아마 다른 민족의 영토에 있는 개별 기지 1000개를 능가할 것"이라는 게 존슨의 주장이다. 사실 아무도, 심지어 펜타곤조차도 미국이 해외에 정확히 몇개의 군사시설을 갖고 있는지를 모른다고 그는 결론지었다.[19]

해외기지의 확장은 미 해군의 작전상 주안점이 변화한 것과 궤를 같이했는데, 특유의 방식으로 바다 위에 떠 있는 기지인 함대를 제공했기 때문이다. 연안국 혼란 공식을 미리 보여준, 마이엇 장군의 야단스러운 1992년 백서에는 이러한 변화가 "전지구적 위협에서 지역적 도전과 기회로 주안점이 옮겨간 것"이라고 정의했다. 좀더 정확히 말하면 "'연안국' 혹은 지구상의 해안가라는 복잡한 작전환경에서 요구되는 역량"에 집중하는 것을 뜻한다. 이 선략 진술은 이어서 '연안 지역에서의 패권'은 필요한 경우 해병대의 '깊숙한' 침투를 포함하여 폭탄과 미사일, 포탄, 탄환, 총검을 의미한다고 적고 있다.

이런 경향의 전략문건은 단지 전지구상의 연안 해상만이 아니라 광범위한 해안 지역(수십 마일에서 심지어 수백 마일 범위의 내륙까지 이르는)에 대한 미국의 패권에 도전하는 모든 적대국과 잠재적인 적의 'A2/AD(반접근/지역거부)' 역량을 인정하지 말아야 한다고 거듭 강조한다. 중국 같은 잠재적 적대국이 이러한 미국의 전략적 임무에 대한 공격적 재정의를 어떻게 바라볼지 어렵지 않게 상상할 수 있지만, 펜타곤에서 그에 대해 진지하게 고려했다는 암시는 거의 찾아볼 수 없다.

'해상' 작전으로부터 연안에서의 전력 과시로의 전환은 1990년대 해군의 만트라가 되었다. 예를 들어 1994년 어느 해군 출판물은 어디에 있든지 '미군 전함은 미국이 통치하는 영토'라고 명시했다. 1997년 개정본에서는 연안 지역으로 주안점이 전환되는 데서 첨단기술의 영역을 이렇게 명시하고 있다. "우리는 분산되고 네트워크화된 병력으로부터 전투력을 집중하고 내륙까지 그 기세를 넓히기 위하여 강력한 지휘와 통제 시스템, 그리고 탐지장비와 무기의 범위를 활용할 것이다." 그러한 전진배치의 목표는 적의 방어를 무력화하고 적의 공격력에 강한 타격을 가하여 "신속하게 기정사실화하는 것"이다.[20]

먼 바다에 있는 미 군함은 당연히 바다에 떠 있는 자족적 기지가 아니었다. 내륙의 시설 또한 필요했고, 이는 왜

1990년대에 군사기지제국이 갑자기 등장했는지에 대한 하나의 설명이 된다. 이 제국을 산술화하기 힘든 것은 2차대전 이후 '전쟁'과 '분쟁'의 규모와 영역, 특성, 그리고 인간에게 초래된 결과 등을 수량화하고 평가하기 어려운 것과도 유사하다. 정확한 수치란 불가능한 것이다. 그럼에도 냉전 이후 미국이 전세계에 얼마나 신속하고 촘촘하게 군대를 주둔시켰는지에 대한 큰 맥락은 분명히 파악할 수 있고, 또한 그 맥락은 잔악했던 9·11테러의 뒤에 깔린 미국에 대한 이슬람 세계의 증오가 어떻게 밀물처럼 거세어졌는지 얼마간 해명해준다.

1990년 8월의 걸프전을 위해 동원되기 시작한 미군과 다국적군의 주요 집결지였던 사우디아라비아를 예로 들어보자. 다국적군 항공기가 그 전쟁 동안 사우디아라비아의 약 열다섯개 기지를 기반으로 작전을 벌였는데, 1992년부터 2003년까지 사우디아라비아는 이라크 남부에 '비행금지구역'을 시행하기 위한 미국 주도 다국적군의 발사대로서 계속 주된 역할을 했다. 실제로 외국 병사들이 사우디아라비아의 영토에 들어와 있는 것은 특히 많은 이슬람교도에게 불쾌한 일이었는데, 그들은 그것을 이슬람의 성지(메카와 메디나)에 대한 모독이자 동시에 자신의 나라가 미국에 종속되어 있다는 사실의 상징으로 보았던 것이다. 9·11테러를 계획하고 조종했던 오사마 빈라덴은 이미

1996년부터 자신의 조국을 미국의 군화가 짓밟는 것에 대해 공개적으로 맹렬하게 비난한 바 있다.[21]

◆

20세기가 끝나갈 무렵, 다층적 상황이 폭발적으로 전개되었다. 중동 석유에 대한 집착, 연안 지역의 혼란이라는 종말론적 비전, 해외 군사기지의 확대, 군사개입의 가속화, 정교한 군사력을 선점하면 모든 범위의 우세나 신속한 기정사실화를 확보할 수 있을 거라고 가정하게 만드는 소망충족적 사고, 이 모든 것들로 인해 미국은 이미 자체적으로 오랜 갈등에 시달려온 격동의 지역에 훨씬 더 깊숙이 발을 들여놓게 되었다.

2차대전 이후 몇십년간 대중동 권역에서 발생한 주요 분쟁에는 파키스탄과 인도의 네번의 전쟁(1947, 1965, 1971, 1999), 이스라엘이 국가를 잃은 팔레스타인뿐 아니라 근방의 아랍 국가와 이슬람 국가 들과 벌인 무자비한 적대적 행동과 공개적인 충돌(1948~49, 1956, 1967~70, 1973, 1982), 북예멘의 내전(1962~70), 레바논(1975~90), 이란-이라크 전쟁(1980~88), 터키와 쿠르드족 간의 고질적인 갈등(특히 1984년 이후로 극심해진), 그리고 여전히 국내 분쟁에 시달리고 있는 소련 해체 이후의 아프가니스탄이 있다.

신문 1면을 장식하는 이런 분쟁들 아래에는 종족과 인종, 종교적 정체성과 적개심이 저 깊숙한 밑바닥에서 흐르고 있었다. 펜타곤 기획자들은 이러한 격변에 골머리를 앓았지만, 사실 고위급 정책결정자들은 그것을 별로 심각하게 여기지 않았다.

그리고 결국 이 모든 것이 9·11과 미국의 '테러와의 전쟁' 선언 이후 새로운 폭력의 시대라는 장을 마련했던 것이다.

7장
9·11과 '새로운 유형의 전쟁'

★ ★ ★

　미국의 경우 20세기 대규모 전쟁은 모두 해외에서 벌어졌다. 1812~15년에 영국군을 몰아낸 이래로 미국은 영토상의 안전함을 구가해왔다. 19세기 중반의 격심했던 남북전쟁 이후로는 단 한번도 자국의 영토에서 전투나 폭격의 정신적 외상을 겪은 적이 없다. 1941년 12월 7일 일본이 하와이의 군사 표적을 급습한 일과 1943년 미국 소유의 외딴 알류샨섬을 일본군으로부터 재탈환하기 위해 짧게 벌였던 '기억에서 사라진 전투'를 제외하면 말이다.

　하지만 해외 전투에서 전사한 군인들은 기억에서 사라지지 않았다. 미국인들은 1차대전과 2차대전, 한국전쟁, 베트남전의 참전용사들을 기념하고 추모해왔다. 특히 2차대전과 베트남전의 기념은 세심하게 쌓아올린 희생과 피해

의식을 강화하는 기회가 되었다. 그렇지만 전쟁의 참혹함을 직접 겪지 않고 물리적으로 떨어져 지내온 이 기나긴 역사야말로 2001년 9월 11일 뉴욕의 월드트레이드센터와 워싱턴의 펜타곤에 대한 알카에다의 공격이 초래한 거의 병적인 충격을 설명하는 데 상당한 도움이 된다.

19명의 이슬람 테러리스트 — 그중 15명은 사우디아라비아인 — 가 비행기를 공중 납치하여 벌인 그 테러는 미국인들에게 즉시 2차대전의 기억을 불러냈다. 그것은 진주만에 대한 일본의 공격과 태평양전쟁 막바지에 등장한 일본의 카미까제 비행사들과 유사했던 것이다. 정치전문가들, 특히 보수논객들은 미국이 '3차대전' 중인지 '4차대전' 중인지(후자의 경우 냉전을 3차대전으로 본다)로 논쟁을 벌였다.

이것이 지엽적인 수사적 표현에 그치지 않음은 곧 분명해졌는데, 조지 W. 부시 행정부 — 여기에는 딕 체니 부통령과 도널드 럼즈펠드 국방장관도 있는데, 두 사람 모두 걸프전의 정책입안자이자 군사혁신의 강력한 주창자들이었다 — 가 그러한 신경증적 반응을 구체적인 전쟁정책으로 전환했기 때문이다. 이제 미국은 '전지구적인 테러와의 전쟁'(Global War on Terrorism) — 때로 어설프게 GWOT로 표현되기도 하는 — 에 휘말려들게 되었다.

알카에다의 공격이 있고 나흘 뒤인 9월 15일에 CIA는 80

개국에서 대테러 군사작전을 요구하는, 「전세계 공격 매트릭스」라는 제목의 극비 제안서를 작성했다. 그 권고사항이 기밀에 해당됨에도 고위공직자들은 즉각 그 전반적 계획을 대중들에게 전했다. 예를 들어 럼즈펠드는 '미국을 포함하여 대략 60개국을 아우르는 대규모의 다각적 노력'을 고려하고 있다고 기자들에게 말했다. 체니는 TV에 나타나 미국이 '말하자면 어두운 쪽으로' 일을 해나가야 할 거라고 말했고, 그것은 이후 널리 인용되었다. 어두운 쪽이라는 이 비밀활동이 어떤 것일지(고문을 포함하여) 그 상세한 내용은 몇 년 후에나 밝혀질 터였지만, 9·11에 대한 공개적인 대응은 신속히 이루어졌다. 10월 7일 미군은 특히 영국의 강력한 지지를 업고 아프가니스탄의 탈레반 정부와 전쟁을 시작했다. 또한 이라크를 침공할 계획을 세웠으며 17개월 후인 2003년 3월 19일에 실행에 옮겼다. 두 나라 모두 9·11테러에는 책임이 없었는데도 그랬다.[1]

이 신속하고 전면적인 군사적 대응은 정부 고위층의 과대망상과 오만을 반영한다. 이후 정확하게 지적되어왔다시피 세상이 바뀐 것은 알카에다의 공격 때문이 아니라 그에 대한 워싱턴의 과도한 대응 때문이었다.[2] 9·11 이후, 그리고 뒤이은 이라크 침공 동안 미 정책입안자들이 자주 입에 올렸던 '전지구적 전쟁'이라는 수사에는, 2차대전에서처럼 분명하게 정의된 적에 대한 무조건적이고 완전한 승리라는 비전이 동반되었다.[3] 전쟁 선포 역시, 최첨단 군사적 힘을 미국이 독점하고 있다는, 걸프전에서 뒷받침된 지나친 자신감을 반영했다. 국방정책에 대한 럼즈펠드의 외부 자문인 중 한 사람이 한번도 아니고 두번씩이나 자랑스럽게 떠벌린 바에 따르면 이라크 침공은 '식은 죽 먹기'였고, 이 말은 곧 널리 인용되었다.[4]

CIA가 거의 하룻밤 사이에 80개국을 아우르는「전세계 공격 매트릭스」를 만들어낼 수 있었다는 사실이 처음에는, 적어도 잘 모르는 사람들에게는 무척 인상적으로 여겨질 것이다. 사실 그것은 전혀 놀랄 일이 아니다. 군대와 정보기관은 2차대전 이후로 내내 유사한 전지구적 군사개입 ― 체니의 '어두운 쪽'을 포함하여 ― 에 깊이 관여해왔기 때문이다.

◆

9·11 이후 몇주가 지났을 때 럼즈펠드는「새로운 유형의 전쟁」이라는 제목의 특별기고문을 신문에 실었다. 얼마 뒤, 이라크 침공 준비를 하던 2002년 11월 라디오 전화인터뷰에서 수렁에 빠질 거라는 경고는 이치에 맞지 않는다고 말했다. "어떤 식으로든 상당한 장기전이 될 거라는 생각은 1990년〔본래 발언 그대로〕에 있었던 사실 때문에 생

겨난 잘못된 판단이다." 걸프전을 가리키며 그렇게 말했다. "닷새가 될지 5주가 될지 다섯달이 될지는 모르겠지만, 그보다 더 오래 지속되지 않을 것은 확실하다."[5]

럼즈펠드의 예상은 틀려도 너무 틀린 것이었다. 이라크에서의 전투작전은 2010년 8월까지 계속되었고, 미군이 마지막으로 철수한 것은 2011년 말이나 되어서였다. 3년 후에 다시 돌아가긴 했지만 말이다. 그때쯤에는 테러리즘과 내란이 대중동 권역과 북아프리카까지 번져 있었다. 오바마 대통령의 두번째 임기가 끝나갈 즈음인 2010년대 중반에 그 지역은 화염이 가득했고 미국은 아프가니스탄(여전히)과 이라크(다시)만이 아니라 시리아, 파키스탄, 리비아, 소말리아, 예멘의 군사작전에 휘말려 있었다. 수많은 모방 테러조직들이 생겨나 그 영향력 면에서 알카에다를 앞질렀다. ISIL(이라크와 레반트 지역의 이슬람국가) ── ISIS(이라크와 시리아의 이슬람국가) 혹은 그냥 IS(이슬람국가)라고도 알려진 ── 이 이라크와 시리아 대부분의 지역에서 '칼리프 지위'를 확립하면서 전세계 이슬람교도들에 대한 권한을 선포했다. 잔혹한 테러행위들 대부분이 이슬람교도 사이에서 벌어지긴 했지만, 유럽과 미국 내 공격도 급격히 증가했다.

다른 한편 럼즈펠드의 기고문 제목은 의도하지 않은 선견지명을 보여주었다. 테러와의 전쟁 ── 그리고 이어서 미국 주도의 침공으로 인해 촉발되거나 조장된 민중봉기와 내란과의 전쟁 ── 은 정말이지 새로운 유형의 전쟁이었기 때문이다. 럼즈펠드를 비롯하여 지금까지 수많은 워싱턴의 국방전문가들이 상상했던 정밀무기, 신속한 전개, 소규모 발자국, 치고 빠지기 식의 첨단기술 전쟁과는 여러 면에서 거의 반대였지만 말이다. 사실 '비대칭'이 21세기 분쟁의 구호처럼 되었지만, '기술적 비대칭'과 '전 영역 우세'를 통한 승리에 대한 거의 종교적인 믿음은 완전히 뒤집어졌다. 군사상 혁신을 증명하는 자리였던 걸프전은 결국 미래 전쟁의 전조라기보다는 불가항력적인 미국의 힘이라는 신기루였던 셈이다.[6]

걸프전을 비롯한 전통적 분쟁과 달리 새로운 유형의 전쟁은 주권국가를 대표하는 정규군들이 충돌하거나 비교적 고정된 대열로 서로 교전하는 방식을 취하지 않는다. 새로운 상대는 비국가 세력으로서 공식적인 군사조직도 없고 특정의 지리적 정체성도 지니고 있지 않았다. 미 정책입안자들이 9·11테러의 배후에 어떤 식으로든 국가의 지원이 있었다고 주장했고 그것이 아프가니스탄과 이라크를 침공하는 명분이 되었지만, 테러리즘이 확정하기 힘든 초국가적 특성을 지녔음을 곧 인정하지 않을 수 없었다. CIA의 「전세계 공격 매트릭스」는 특정한 형태 없이 장소를 바꿔가며 여기저기 산재하고, 형태와 이름도 수시로 바꾸는 적의 현실을 반영한 것이었다. 그런데 연안 지역의 저강도 분쟁과 혼란에 관해 각 군 사이에서 강도 높은 전략을 수립하느라 때로 고통스러울 정도로 힘든 10년을 보냈음에도, 중동사회에 내재한 뿌리 깊은 종파 간 분열과 모순에 대해 진정으로 참된 이해를 시도하지도, 외국군대의 침입이 토착세력의 역풍을 일으켜 격렬한 폭동을 초래할 수도 있다고 진지하게 예상하지도 않았다.

아프가니스탄과 이라크 침공의 초기 단계에서는 미군이 자신들의 놀라운 화력을 자랑할 기회가 있었다. 아프가니스탄의 경우에는 정밀유도폭탄과 정밀유도미사일을 비롯하여 1만 5000파운드짜리 데이지 커터 몇기(오사마 빈라덴이 숨어 있다고 생각되는 동굴들에 투하되었다)를 비롯하여 수십만개의 작은 폭탄으로 확산되는 집속탄이 1200개 이상 사용되었다. 마찬가지로 이라크 침공에서도 바그다드로 발사된 80개의 크루즈미사일(거기에 2000파운드짜리 위성 유도 '벙커파괴폭탄'도 있었지만 표적을 빗나갔다)을 포함하여, 언론들이 좋아할 만한 '충격과 공포'(Shock and Awe)의 불꽃놀이로 그 막을 열었다. 걸프전에서 8퍼센트가 안 되었던 것과는 대조적으로 초반 공습의 3분의 2에 정밀유도 '스마트' 탄약이 사용되었고, 이는 사담 후세인이 빨리 몰락한 데 결정적으로 공헌했다.

하지만 그만큼 빨리 분명해진 사실은, 일단 이라크의 재래식 병력을 압도적으로 처치해버리고 나자 경무장을 하고 여기저기서 '튀어나오며' 움직이는 표적에 대해서는 최첨단 무기의 사용이 제한적일 수밖에 없다는 것이었다. 테러리스트 적들(그리고 그 이후에는 폭동세력)은 전혀 기계파괴주의자들이 아니었다. 그들은 휴대폰과 노트북, 인터넷, 소셜미디어를 효과적으로 이용했다. 그중에서 더 정교한 이론가들은 심지어 CIA와 미국 군사학교로 하여금 1960년대에서 80년대까지의 매뉴얼을 떠올리게 하는 소책자도 만들어냈는데, 그것은 공포심을 이용한 교육의 효과를 강화하기 위해 학술적 틀을 사용한다는 점에서 유사했다. 서구의 경영대학원에서 대량생산한 사례연구 교재에서 더 밀접한 유사성을 찾아볼 수 있기도 하다. 「야만성의 경영: 움마(이슬람국가)가 거칠 가장 중대한 단계」라고 그 제목을 번역할 수 있는 문건이 이것의 전형이다. 2004년 인터넷에 발표된 이 두꺼운 책자(번역으로 268쪽)는 미국과 유럽의 경영학을 광범위하게 참조하고 있다.[7]

테러리스트 진영에서 보이는 그러한 최신의 솜씨는 대중심리의 명민한 파악과 맞물려 있었다. 이는 단지 잠재적인 신병들의 증오심을 이용하는 것뿐 아니라 멀리 떨어져 있는, 표면적으로 훨씬 강력하고 '합리적인' 적들을 유인하고 불안하게 만드는 기이한 능력까지 포괄했다. 동시에 테러리스트의 무기는 칼라슈니코프 AK-47 자동소총이나,

기관총, 로켓추진식 수류탄, 박격포, 무지막지하게 파괴적인 사제폭발물(IED), 그리고 말 그대로의 자살폭탄 같은 대개 원시적인 것이었다. 전사들은 대개 외국군의 침입에 의해 촉발되는 민중반란의 물결과 극도의 잔학함에 힘입어 픽업트럭을 타고 전투공간을 종횡무진 누빈다. 이러한 저강도 전술들은 치밀한 통신망을 통한 미국의 작전과 값비싼 병기들보다 상당정도 더 효과적이고, 주어진 조건에서는 더 합리적인 것으로 판명되었다.

이 새로운 유형의 비정규적 분쟁 ─ 정부와 그 동맹군들이 이념보다는 종교적 열정, 분파의 차이, 부족과 인종 간의 경쟁, 그리고 있는 그대로의 비참함과 맞붙어 싸우게 되는 ─ 으로 인해 기술적 비대칭에 온 신념을 쏟았던 기획자들은 자신들의 전제를 다시 따져보지 않을 수 없었다. 거의 무정부 상태라 할 상황을 직접 맞닥뜨리게 되면서 편히 앉아 머리나 굴리던 1990년대 스타일에서 고통스럽게 벗어나야만 했다. 다른 한편으로는 이라크와 아프가니스탄의 평범한 대중들 사이에서 사망과 혼란의 증가가 극심한 역풍으로 밀려왔다. 잘못을 깨달은 미국의 어느 분석가는 마침내 이렇게 말했다. "군사상의 진정한 혁명으로 인해 이제 현대 국가들은 적을 파괴하기보다는 민간인 사망자와 부수적 피해를 최소화하기 위해 군사기술의 발전을 사용하지 않을 수 없다."[8]

어떻게 보면 이 새로운 유형의 전쟁에서는 테러와 심리전의 상황이 역전되었다고 할 수 있다. 테러전술은 전쟁만큼이나 오래된 것이고 국가테러는 역사의 선례에서 거의 막상막하로 두번째 자리를 차지한다. 반면 전방위적 폭격은 어떤 근현대적 분위기를 풍기는데, 2차대전부터 시작해서 한국전쟁과 베트남전을 거치면서 이것은 주로 적군의 사기를 떨어트리기 위해 도심지나 비전투 인구를 대상으로 한 총력적인 공습과 결부되었다. 하지만 이미 베트남전에서 총력적 공습이 역효과를 낳았다는 것이 입증되었다. 적들이 심리적으로 무너진 것이 아니라, 고국의 언론들이 그 무시무시한 공격의 실상을 전하면서 오히려 미국 대중들이 전쟁에 대한 지지를 철회하기 시작했던 것이다. ('베트남 증후군'의 주장과는 반대로 그러한 반감은 북베트남의 능숙한 선전선동과는 거의 관계가 없고, 2차대전과 한국전쟁 때에는 없었던, 충격적일 만큼 생생한 TV 중계에서 훨씬 더 큰 영향을 받았다.) 군 기획자들이 걸프전에 사용된 스마트 무기의 상대적으로 '무혈적인' 특성을 환영한 이유는 단지 그 덕에 미국인 사상자가 감소해서만이 아니라 일부러 비전투원을 표적으로 삼았다는 오명을 거의 완전히 씻어버릴 수 있기 때문이었다.

9·11 이후의 전쟁이라는 새로운 시대에 무대의 중심으로 등장한 것은 알카에다와 그 후예들의 테러전술이었다.

그 잔악행위는 멀리에서 민간인들을 기계적으로 살해하던 것과는 그 특성과 규모에서 너무나 달랐다. 테러범들은 잔악행위가 자신들을 대표하는 표식이라는 듯 과시했다. 폭탄테러범과 피해자들이 물리적으로 가까워 자살적 관계를 형성하는 것은 대중들의 공포를 더욱 심화시켰고, 사실 그것은 그들의 의도였다. 아주 친밀한 이 살인행위에는 연극적인 섬뜩함이 자리해 있었던 것이다.

테러리즘의 이러한 성격과 교묘한 조작, 그리고 불안의 효과적인 조성은 크고 작은 나라들이 오래도록 행사했던 국가테러와는 여러가지 면에서 달랐다. 즉각적인 대중통신과 선정주의라는 디지털 세계에서 이것은 또한 새로운 유형의 전쟁이었다. 종교적 광신주의는 최근에 벌어진 피도 눈물도 없는 테러행위의 끔찍함을 더욱 강화했다. 하지만 적으로 인식된 존재의 사기를 꺾는다는 근본 목표는 예전 그대로였다.

◆

아프가니스탄과 이라크의 상황이 너무 오래 늘어지면서, 관료가 비대해지고 조직상 모순이 생겨나는 것 또한 새로운 유형의 전쟁이라는 사실이 분명해졌다. 네트워크 중심의 전쟁 같은 컴퓨터 중심 이론들은 능률적인 지휘·

통제 운용이라는 이상적 비전을 제시했지만, 9·11에 대한 극단적 반응으로 인해 미국 내에 지금까지 전혀 보지 못한, 잘게 나뉘고 파벌이 판치는, 거대하고 번거롭고 쓸모없고 소모적이고 부패하고 불투명한 공공 부문과 민간 부문의 '안보'복합체가 미국 내에 탄생했다. 군과 민간의 최고위층 정보기관이 급증하여 2014년에는 그 수가 17개나 되었는데, 그것은 빙산의 일각이었다. 이제 사망자수가 아니라 정보기관들이 시민사회에 끼친 헤아릴 수 없는 해악이 문제가 되었다.

이 새로운 거대조직에는 놀라운 특징이 있었다. 기존에 정부나 군에서 다루었던 많은 활동이 엄청난 정도로 외부에 위탁되었다는 사실이다. 이 대규모 민영화를 기저에서 움직인 동력은 여러가지다. 그중 하나는 특히 걸프전 이후 국방비 지출과 관련된 예산상의 압박으로, 외주를 주면 실제 지출을 위장할 수 있는 동시에 군사 부문이 소규모 '발자국'을 갖기를 바라는 대중의 정서에 호소할 수 있다는 군사적·정치적 계산이 작용했다. 정치적 속임수와 예산상의 협잡이 이러한 전개과정에 일조했지만, 그보다 더 커다란 영향을 끼쳤던 것은 로널드 레이건과 영국의 마거릿 대처 수상이 주창했던 종류의 탈규제, 민영화, 시장 근본주의 — 신보수주의자들만이 아니라 신자유주의자들까지 나서서 옹호했던 — 였다. 그렇지만 군사 부문에서의 민영화를 근본적으로 새로운 수준까지 밀어붙이는 일에는 9·11, 그리고 해외뿐 아니라 국내의 '안보'에 대한 극심한 공포 또한 필요했다. 이 집단 히스테리의 불가피한 이면은 가속화되는 민간 부문의 군사화였던 것이다. 테러에 대한 공포는 수익성 좋은 장사였다.

예를 들어 2007년경에는 CIA 노동력의 약 60퍼센트가 민간 도급업체 소속이었다. 2010년 『워싱턴포스트』 기획의 2년짜리 탐사보도물인 「극비 미국」이 찾아낸 사실에 따르면, "미국 전역의 1만여 지역에서 1271개 정부조직과 1931개 민간기업이 대테러활동과 국토안보와 첩보와 관련된 프로그램을 진행하고 있다". 이 프로그램의 3분의 2가 국방부 관할하에 운용되고 있었다. 같은 시기에 85만 4000명으로 추정되는 군 관료, 공무원, 민간 도급업자가 극비 정보 취급허가권을 갖고 있었다.[9]

이와 같은 거대한 외주는 전장 자체에도 그대로 옮겨졌다. 9·11로부터 10년 남짓한 기간 동안 아프가니스탄과 이라크 내에서 미국의 지원을 받는 비군사 인력의 수는 그곳에 배치된 미군 병력의 수와 맞먹거나 그보다 더 많았다. 군사작전이 한창일 때(2007~2010) 두 나라에서 25만명 이상의 계약 노동자들과 그에 맞먹는 병사들을 위한 자금이 들어갔다는 얘기다. 이 민간 노동력 대부분은 국방부 예산에 포함되었지만, 외주에 의존하는 부분의 상당정도는 국무부와 국제개발처, 국토안전부까지 퍼져 있었다.

군사작전을 지원하는 민간인들이 있기 마련이지만, 테러와의 전쟁의 경우 민간 부문의 규모는 전례가 없을 정도다. 9·11 이후의 외주 정도를 그 이전에 미국이 참전한 전쟁의 민간 인력 대 군대 인력의 비율과 비교해보면 이점은 확실해진다. 1차대전의 경우 추정된 비율은 1:24, 2차대전은 1:7, 베트남전은 1:5, 짧은 걸프전에서는 놀랍게도 1:104, 2007년 이라크는 1:0.8, 2009년 아프가니스탄은 1:0.7, 그리고 2010년 이라크가 1:1이다.[10]

수많은 도급업자들이 이런 방식으로 수익을 올렸는데, 그들이 제공하는 용역과 관련해서는 보통 두가지 통보가 주어졌다. 첫째, 고용된 민간인은 식사 준비나 청소, 세탁, 운송수단과 보관시설 제공, 공사장 노동, 언어 담당 같은 비전투임무에 종사한다는 것이다. 둘째, 인력 수급 면에서, 특히 비숙련 노동의 경우 더더욱 그 지역 국민이나 해외의 제3세계 저임금노동을 이용하라는 것으로 이라크의 경우 그 출신국이 30개국이 넘었다. 민간 도급업체들은 주요 건설계획이라든지 준군사부대와 용병 관련 업무에서부터 군사상 혁신과 관련된 복잡한 시스템을 유지하는 일까지, 좀더 전문화되고 보수가 높은 인력 역시 공급했다.[11]

상당수의 외주가 비효율적이고 부패했을 뿐 아니라, 얼마 안 되지만 무시할 수 없는 정도가 범죄에 해당되기도 했다. 그런 임무 중 하나로, 완곡하게 '특별송환'으로 불리는 프로그램에 따른 '외주 고문'은 통계상으로는 아주 미미한 수치이지만 도덕적으로 너무나 큰 충격을 안겼다. CIA가 조직한 이 프로그램은 외국의 테러 용의자들을 납치하여 그들을 전세계 50개국 이상의 감옥으로 보내 비밀리에 억류한 채 고문하기 위한 것이었다. 30년 전 라틴아메리카에서 벌인 더러운 전쟁 동안 있었던 꼰도르 작전의 해외송환이 전지구적 규모로, 그것도 이제는 워싱턴에 의해 계획되어 괴기스러운 방식으로 부활한 셈이었다.[12]

기술적 우위에 대한 과도한 자신감으로 기획자들은 중동에서 단기간의 가뿐한 군사작전을 예상했지만, 거기에는 필연적인 재정적 결과가 뒤따랐다. 테러와의 전쟁에 예상한 비용, 특히 이라크에서의 비용은 말도 못하게 과소평가된 것이었다. 예를 들어 럼즈펠드는 사담 후세인을 쓰러뜨리는 일에 약 500억달러의 가격표를 붙였다. 다른 공직자들은 이라크에서의 석유수익만으로도 미국의 침입과 점령에 드는 비용을 충당할 수 있을 거라고 주장했다. 대통령의 수석 경제자문위원이 그들의 견해와 달리 전쟁비용이 아마 1천억에서 2천억달러까지 치솟을 거라고 『월스트리트저널』기자에게 말했을 때, 그는 호된 비판을 받았고 곧 경질되었다.[13]

10여년이 지난 뒤 아프가니스탄과 이라크 전쟁에 책

정된 금액에 대한 공식기록에 따르면 2001회계연도에서 2015회계연도까지의 직접 비용은 1조 6천억달러 이상이었다. 하지만 펜타곤의 연간 '기본 예산'과 마찬가지로 이 계산은 오해의 소지가 많다. 왜냐하면 여기에는 미 참전용사의 신체적 장애에 대한 광범위한 치료비 등의 장기적인 재정적 책임뿐 아니라 이 전쟁에 자금을 대면서 발생한 빚의 이자 등은 빠져 있기 때문이다. 그래서 2013년 하버드대 공공정책대학원 교수단이 수행한, 높은 평가를 받은 연구조사는 이렇게 결론을 내렸다. "이라크와 아프가니스탄에서 수행한 전쟁비용은 모두 합해 4조에서 6조달러 사이로, 미국 역사상 가장 돈이 많이 든 전쟁이 될 것이다." 다른 개별 연구들 역시, 일반적으로 인용되는 정부의 수치가 '단지 전체 전쟁비용의 일부일 뿐'이고 미국은 이 임무에 대해 이후 40년 이상에 걸쳐 비용을 지불해야 할 것이라고 강조한다.

대개 무시되었던 소요비용 — 재정적인 면뿐만 아니라 인적인 면에서도 — 을 보면 정신이 번쩍 들 정도다. 예를 들어 2013년 현재, 이 전쟁에 참전했다가 전역하여 참전용사 시설에서 의료혜택을 받을 자격을 갖춘, 156만명의 참전군인들 중에서 반 이상이 이미 영구 장애수당을 신청했다. 부채 문제를 보면, 전쟁비용을 대기 위해 약 2조달러를 빌렸는데, 이는 2001년에서 2012년 사이에 증가한 총 국가

부채인 9조달러의 20퍼센트에 육박하는 액수다.[14]

◆

아프가니스탄과 이라크 전쟁은 2차대전, 한국전쟁, 베트남전에 비해 미군 전사자수가 뚜렷하게 감소했다는 점에서 또한 새로운 ─ 혹은 상대적으로 새로운 ─ 전쟁이었다. 그것은 앞선 걸프전의 경우에도 그러했다. 하지만 '회오리바람'처럼 치러진 걸프전과 달리 테러와의 전쟁은 수년 동안 질질 끌며 지속되었다. 모든 해외 군사작전에서 그러했듯이 미국 측 전사자수는 상대편에 비해 적었다. (참전용사회의 집계에 따르면, 2차대전에서 미군 전사자수는 29만 1557명에 '비 전장(戰場)' 공무상 사망이 11만 3842명이었다. 한국전쟁에서 전투 중 사망과 그 밖의 다른 '전장에서의' 공식 사망자수는 3만 6574명이었다. 베트남전에서 그에 해당하는 사망자수는 5만 8220명이다.) 브라운대 왓슨국제관계연구소는 거의 40명에 이르는 서로 다른 분야의 연구자들의 자료를 비교분석하는 '전쟁비용' 프로젝트를 통해 2001년에서 2014년에 이르기까지 아프가니스탄과 이라크에서 발생한 미군 전사자가 총 6800명이 약간 넘는다고 계산했다. 그중 거의 절반이 사제폭발물(IED)과 로켓 추진식 수류탄 때문이었다.

이 숫자는 상당히 특기할 만하지만, 전체 그림의 일부일 뿐이다. 이 숫자에는 정신장애를 갖게 되어 전역 후 약물과다나 자살, 차량 사고 등으로 인해 사망한 참전군인은 포함되지 않는다. 그보다 더 중요한 것은 미국인이 아닌 사망자를 포함하지 않는다는 것이다. '전쟁비용' 프로젝트는 2001~2014년간 아프가니스탄과 이라크(그리고 파키스탄까지)의 분쟁으로 인해 발생한 직접적 사망자의 수치를, 양쪽의 무장병력에 민간인 도급업자, 기자, 인도주의적 활동가를 포함하여 37만명 이상이라고 계산했다. 이 사망자 중 약 21만명이 민간인이었다. 직접적 죽음은 많은 경우 미국의 급습으로 인해 촉발되거나 분출한 폭동이라든지, 국내의 종교적·정치적 갈등에서 비롯했다. 영양실조나 의료체계의 붕괴, 나쁜 위생 상태와 깨끗한 물의 부족 등 전쟁과 관련된 원인에서 발생한 간접적 사망은 아마 '전쟁으로 인한 직접적 사망'을 훨씬 넘어설 것이다. 이뿐만이 아니라 2015년 말에 이 전쟁으로 인한 망명자와 실향민은 650만명 이상이었다.[15]

테러와의 전쟁이 시작된 후 10년 동안의 '사망자수'에 대한 또다른 중요한 평가로, 노벨상 수상단체인 '사회적 책임을 위한 의사회'(PSR)가 다른 국제단체와 협력하여 2015년에 발표한 보고서가 있다. 그 보고서가 '낮춰 잡은 숫자'도 그보다는 훨씬 더 높은데, 이 분쟁으로 인해 "직간접적으로 사망한 인원이 이라크에서 약 100만명, 아프가니스탄에서 22만명, 파키스탄에서 8만명으로 다 합하면 약 130만명에 이른다". 이 숫자가 "200만이 넘을 가능성은 충분하지만 100만 이하로 내려가는 일은 거의 있을 수 없다"고 이 100쪽짜리 보고서는 결론 내린다.[16]

이 같은 사망자수와 고향과 고국을 등진 사람의 수에는 전쟁으로 인한 장애를 겪는 사람들을 포함해야 한다. 여기서도 역시 미국인에 대한 자료는 상당히 풍부하지만 그 밖의 나라 사람들에 대한 자료는 거의 없는 거나 마찬가지다. 동시에 미국 측의 솔직한 자료도 여느 때와 마찬가지로 오해의 소지가 있을 수 있다. 예를 들어 국방부는 테러와의 전쟁에서 '작전 중 부상을 입은' 병사가 약 5만명이라고 보았다. 그와 대조적으로 전쟁과 연관된 정신장애까지 고려한 2015년 초 연구조사에 따르면, 이 전쟁에 참전한 미국 군인 중 신체적 상해, 더 흔하게는 정신적 상해를 입었다는 어느 정도의 공식적 인정을 받은 인원은 적어도 97만명이다. 정신질환의 경우 그에 대한 진단명은 들쭉날쭉해서, 외상 후 스트레스 장애(PTSD)와 외상성 뇌손상(TBI)과 우울증이 서로 겹친다. 상해와 정신적 외상은 그 영향이 가족을 비롯한 가까운 사람들에게까지 미친다. '보이지 않는 상처'라는 용어로 알려진 많은 경우는 혼자 말없이 고통을 겪을 뿐 보고되지 않는다.[17]

현재 PTSD라고 정의되는 질환은 정신장애로 인정된 장애로는 새롭게 등장한 것이다. PTSD는 앞선 전쟁들에서는 '포탄 충격'이나 '전투 피로증' 같은 일상적인(그리고 종종 폄하하는 투의) 용어로 알려졌고, 미국정신의학회가 『정신질환의 진단 및 통계 편람』의 세번째 개정판에 그것을 포함시켰던 1980년 — 미군이 베트남에서 철수한 지 7년이 지났을 때 — 에야 공식적으로 인정받게 되었다. 이라크에서 IED의 폭발로 인해 폭파상해가 만연하면서 전투 관련 정신장애가 지닌 순전히 심리적인 특성과 대립되는 신체적 특성에 점점 관심이 집중되기 시작했다. 그런 장애를 겪고 있다는 사실은 새로운 게 아니었으나, 그것이 얼마나 광범위한지, 그리고 최근까지 그에 대한 대처가 얼마나 부적절했는지를 뒤늦게야 인식한 것은 새로운 일이었다.

또한 테러와의 전쟁이 참전용사들에게 얼마나 더 후한 의료혜택을 제공하는지도 새로운 사실이었는데, 이 의료혜택은 정신장애와 정서장애까지 포괄하기 때문에 이 전쟁의 장기적인 소요비용이 막대하게 증가했다.

전쟁 관련 정신장애에 대한 통계는 각양각색이다. 참전용사관리국의 조사에서는 9·11 이후 오래 지속된 아프가니스탄과 이라크 전쟁에서 미군 측 인원 중 PTSD 사례는 매해 11퍼센트에서 20퍼센트 사이에 이르렀다고 상정했다. 앞선 전쟁들까지 거슬러 올라가 베트남전 참전군인의 30퍼센트가 어느 시점엔가는 PTSD를 겪었고, 1980년대 후반에 여전히 그러한 진단을 받은 경우도 15퍼센트나 된다고 결론을 내렸다. 단기간에 끝났고 승자 편에서 사실상 사망자가 없는 정도라고 널리 칭송받는 1991년의 걸프전의 경우에도 PTSD는 12퍼센트로 추정된다.[18] 아프가니스탄과 이라크 전쟁의 예상비용에 대한 2013년 케네디 공공정책대학원의 보고서는 귀국한 참전군인들 사이에 퍼지는 장기적인 '정신적 전염병'을 언급하며 "이전의 전쟁들에 대한 연구조사에 따르면 이들 참전 군인들은 발작이나 신경인지기능의 쇠퇴, 치매, 만성질환처럼 평생 의료문제에 시달릴 위험이 매우 높다"고 적고 있다.[19]

다소 추상적으로 들리는 이 비율의 숫자와 병리학 용어를 미국이 최근에 벌인 세차례 주요 전투에 파병된 미국인의 숫자와 비교해보면, 너무나 많은 수의 파병 군인이 정신적인 영향을 받았다는 사실이 더 분명해진다. 베트남전 약 270만명, 걸프전 약 50만명, 그리고 이라크와 아프가니스탄 전쟁 270만명 이상이다.[20]

◆

작전상으로나 정신적으로나 병리학적으로나 이 새로

운 유형의 전쟁은 전투에 나선 과거의 미국을 떠올리게 만든다. 적과 세계의 대다수 문제를 단 하나의 단어로 환원시키는 것만 봐도 그렇다. 실용적인 목적을 위해 '테러'가 '공산주의'를 대신해서 무지막지한 악이 된 것이다. 아프가니스탄과 이라크를 침공한 뒤 부시 대통령은 예상대로 이렇게 말했다. "여러 면에서 이 싸움은 지난 세기 공산주의에 맞서 벌였던 싸움과 유사합니다." 또다른 자리에서는 그것이 '선과 악'의 싸움이므로 여기에는 '중립 지역'이란 없다고 선언하기도 했다. 냉전 때와 아주 유사하게 새로운 전쟁은 모든 면에서 성전(聖戰)이 되었다. 어디를 보나 명백히 신학적인 이 면모가 이슬람 근본주의자 테러리스트들로 하여금 앞선 어떤 현대전에서도 목격하지 못했던 정도로 날이 서게 만들었지만 말이다.[21]

미국의 경우 이러한 마니교적 사고방식은 대중을 대상으로 한 선전에만 국한되지 않았다. 2차대전 이후 이는 의사결정 그룹에까지 퍼져 베트남전에서 그 파멸적 정점에 이르렀던 것이다. 한참의 세월이 흘러, 1961년에서 68년까지 국방장관을 했던 로버트 맥나마라는 베트남전에서 미국이 실패한 이유를 간결하게 설명했다. 2003년에 한 인터뷰에서 80대 중반에 이른 맥나마라는 적을 알아야 할 필요에 대해, 적에게 '감정이입'을 해야 한다고, "그들의 결정과 행동의 배후에 있는 생각들을 이해하기 위해서는 아예 그들 몸에 들어가서 그들의 눈으로 봐야 한다"고 말했다.

자신을 비롯한 베트남전의 동료 정책결정자들이 그 전쟁을 냉전의 시각으로만 바라봤을 뿐, 오랫동안 지속된 베트남의 반식민주의 투쟁과 2차대전 이후 그 나라를 갈라놓은 내전은 완전히 무시했다고 맥나마라는 털어놓았다. 역사에 대해, 전지구적 공산주의의 내적 분열과 자신들의 적인 베트남의 특성과 동기, 탄력성 등에 대해 전적으로 무지했다는 것이다.[22]

맥나마라의 '내 탓이로소이다' 식의 고해는 미국이 이라크 침공을 막 시작한 바로 그때, 럼즈펠드와 워싱턴의 동료들이 그러했던 것처럼 수렁에 빠질 가능성 따위는 대수롭지 않게 치워버렸던 바로 그때 이루어졌다. 중간급 군 관계자와 민간 분석가들이 경고했지만, 고위급 결정권자 중 그 누구도 그처럼 막대한 규모의 군사작전이 역효과를 낳아 테러를 약화시키기보다는 오히려 강화할 가능성이 있다는 점을 상상도 하지 않았다. 반란은 말할 것도 없고 심각한 민중의 저항이 발생할 경우 그에 대응할 비상대책 같은 것 또한 기세등등한 '충격과 공포' 침공계획에는 들어 있지 않았다.

2006년 12월, 마침내 육군과 해병대가 새로이 「반란진압」 야전교범을 만들었을 때, 그것은 "30년 전에 베트남전이 끝난 이래로 반란진압 작전은 광범위한 미국 군대의 원

칙과 안보정책에서 대체로 등한시되어왔다"는 사실을 인정하며 시작한다.[23]

1980년대와 90년대에 대해 잘 알고 있다면 이는 언뜻 보기에 직관에 어긋날 뿐 아니라 거의 상상하기 힘든 일로 보일 수도 있다. 레이건 행정부의 니까라과 꼰뜨라 반군 지원과 마찬가지로, 미국 군사학교를 통해 라틴아메리카의 독재정권을 지원한 일은 사회비판세력과 반란을 억압(혹은 선동)하게끔 조장하는 일이었으니 말이다. 거의 유사한 맥락에서 9·11보다 십여 년 앞서 아프가니스탄에서 소련군이 경무장한 아프가니스탄인과 외국 출신의 무자헤딘(이슬람 전사)에 완전히 패배한 것도 미국 자신이 무장을 시키고 자금을 댔던 성공적인 반란 덕이었다. 게다가 1990년대에는 냉전 이후 특히 중동 지역의 '갈수록 불분명하고 위험한' 특성에 대해 경고의 목소리를 높이는 군사연구와 보고서가 봇물처럼 쏟아져 나오기도 했다.

이 모든 것에도 불구하고 그러한 CIA의 비밀활동은 주류 전략수립에 확실히 별 영향을 주지 않았기 때문에 2006년 「반란진압」 야전교범의 비판은 정확하다고 할 수 있다. 아프가니스탄에서 반란이 성공한 것은 대개 소련의 무능함 때문으로 취급되었을 뿐 고위층 전략가들과 안보지식인들의 전략 레이더에 별 의미있는 변화를 만들어내지 못했다. 가장 놀라운 일은 장교들의 훈련을 담당하는 사관학교에

서 베트남전 이후 그들의 정규과목 가운데 반란진압 과목을 아예 없애버렸다는 사실이다.[24]

2006년 대대적인 호응과 함께 새로운 야전교범이 발간되었을 때, 베트남과 이라크 전쟁에 모두 참전했고 육군참모차장을 지냈던 잭 킨 퇴임장교는 직무태만을 인정하는 야전교범의 서문을 미리 알리듯 TV에서 이렇게 말했다. "베트남전 이후 우리는 비정규 전투나 반란과 관련이 있는 것들은 모두 지워버렸습니다. 우리가 어쩌다가 전쟁에서 패했는지와 관련이 있었기 때문인데, 이제와 생각해보면 좋지 않은 결정이었습니다."[25]

그것은 그저 안 좋은 결정 정도가 아니었다. 집단사고라는 두드러진 표현 너머에 있는 그 의도적 편협함은, 세계와 자기 자신을 다른 존재의 시각에서 특히 적대세력이나 잠재적 적대세력의 시각에서 바라보는 것에 대한 뿌리 깊고도 변치 않는 반감을 반영했다. 의지박약으로 인해 미국이 베트남전에서 패했다는 베트남 증후군 논리는 논점을 흐리는 꼼수였다. 1991년 걸프전의 기만적인 단기간의 승리 이후에나 그 이전에나, 사막의 모래 아래 묻혀버린 것은 복잡하고 '열등한' 적을 이해해보려는 최고위층의 진지한 시도와 상식이었다. 미국이 이라크 침공을 재개할 참이던 2003년에 맥나마라가 그것을 고해했음에도 거의 '쇠귀에 경 읽기'였다. 이런 면에서 참담한 테러와의 전쟁은 결국 새로운 유형의 전쟁은 전혀 아니었던 셈이다.

이 같은 집단사고로 인해 세계가 치르게 된 댓가는 새로운 불안정의 세상이었다.

8장
불안정의 포물선

★ ★ ★

냉전시대에 가장 유행했고, 로버트 맥나마라가 단일한 공산주의라는 왜곡된 그림을 전달한다는 이유로 비판했던 구호가 '도미노 이론'이다. 이 이론의 시작은 미국이 프랑스로부터 베트남의 식민통치를 이어받았던 1950년대 중반으로 거슬러 올라간다. 도미노 이론은, 분단된 베트남을 통일하기 위한 토착 공산주의 세력의 투쟁이 성공한다면 이 성공이 아시아 전체에 연쇄작용을 일으켜서 일본에 이르기까지 모든 나라가 하나씩 모스끄바 주도의 공산주의 지배 아래에 떨어질 것이라고 주장했다.[1]

냉전시대 두 강대국이 벌였던 전세계적인 대리전은 이러한 식의 연쇄작용에 대한 기우가 편재했음을 보여준다. 그리고 미국 전략분석가들에게 이 사고방식은 소련의 붕괴 이후에도 사라지지 않았다. 새롭게 인식된 적에 대한 대응으로 옮겨져 다른 방식으로 나타났는데, 이 과정은 혁명적인 이란 이슬람공화국이 갑작스럽게 등장하면서 초래할 위협을 경고한 1980년 카터 독트린에서 이미 분명해졌다.

　도미노 은유는 냉전시대를 지나 끝까지 살아남지는 못했다. 1990년대에는 연안 지역의 혼란이라는 구호가 미군 내에서 주목을 끌었고 세기 전환기에는 세계가 '불안정의 포물선'으로 위험에 빠져 있다는 얘기가 흔하게 돌았다. 2004년의 고위층 첩보 보고서는 "사하라 이남의 아프리카에서 북아프리카를 거쳐 중동과 발칸반도와 코카서스 지역, 그리고 남아시아와 중앙아시아를 지나 동남아시아 일부까지 이르는 거대한 불안정의 포물선"에 주의를 환기시킴으로써 이를 파노라마처럼 한눈에 보여주었다.[2]

　그뿐 아니라 다른 정부 보고서에서도 불안정의 포물선은 전지구화가 대세가 되면서 발생하는 모순들과 결부되었다. 한편으로 전지구화는 기술발전에 의해 더욱 통합되어 번성하는 국제 시스템이 창조될 수 있는 세계를 약속했다. 하지만 다른 한편 이러한 최첨단의 초고속 발전은 불평등을 악화하고, 한 국가 내에서나 국가 간에나 '가진 자'와 '못 가진 자' 사이의 갈등을 고조시켰다. 이러한 전지구화의 파열적 측면은 급진적 이슬람 테러리즘을 비롯한 저항과 선동이 뿌리를 내리기에 아주 좋은 토양이 되었다.

이 같은 저항은 반서구화와 반지구화라는 공격적인 신조를 함께 묶어 전파하는 와중에도 자신의 대의를 선전하기 위해 새로운 정보기술을 이용하면서 동시에 탈중심화된 작전 방식을 유지함으로써 무럭무럭 자라났다.[3]

9·11 이후 급격히 늘어난 미국의 전쟁과 점령과 개입은 이러한 불안정의 포물선이 점점 더 확대된다는 인식에서 나온 대응이었다. 눈에는 띄지 않았지만, '비정규전'을 위해 특수훈련을 받은 미군 비밀부대가 광범위하게 수행한 작전도 있었다. 2009년 부시 행정부의 임기가 끝났을 때 이 특수정예군은 60여개국에 배치되어 있었다. 이는 CIA가 9·11테러 직후 마련했던 비밀스러운 '전세계 공격 매트릭스'보다 20개국 적은 숫자이지만, 럼즈펠드가 공개적으로 예견했던 숫자와는 정확히 맞아떨어진다. 1년여가 지난 뒤 언론은 이와 연관된 나라의 숫자를 75개국으로 보도했다. 2011년 미 특수작전사령부 대변인은 미군이 약 70개국에서 다양한 임무에 종사하고 있다고 밝혔는데, 그해 말에 그 수는 약 120개국에 이를 것이었다. 2014년 국방부 보도자료에는 지나가는 말로 2011년에서 2014년 사이에 '150개 이상의 나라에 특수작전부대가 배치'되었다고 적혀 있었다. (2011년 기준으로 유엔에 가입된 나라는 193개국이다.) 테러와의 전쟁 이전에 이뤄졌던 미군 작전에서와 마찬가지로 이 배치된 병력의 임무는 암살과 태업에서 첩

보와 반첩보 활동까지, 외국군의 훈련과 지원에서 인도적 지원에 이르기까지 온갖 범주를 아울렀다.[4]

특수활동이 여전히 활발했던 오바마 행정부 당시에도 역시 드론을 통한 표적암살이라는 '외과수술적' 대테러임무에 우선권을 두었고, 그것은 엄청난 논란을 불러일으켰다. 심지어 이 작전과 관련된 명칭도 불길하기 그지없었다. 작전에 쓰인 두대의 '원격조종 비행기'(RPA)의 이름은 각각 '포식자'(Predator)와 '죽음의 신'(Reaper)이었고, 거기에 실린 미사일은 '지옥불'(Hellfire), 백악관에서 표적을 정할 때 쓴 목록은 '제거대상'(Kill list)이었다.

RPA는 2차대전에서도 폭격을 위해 몇차례 사용되었고, 베트남전에서는 정지화상 사진기를 달아 전장 감시용으로 쓰였다. 드론이 기술적으로 진보되고 비디오카메라가 장착된 것은 1995년이 되어서였고, 이 정찰용 비행기가 정밀유도 암살기계로 전환된 것은 9·11 이후였다. 대부분 미국인이었던 드론 조종사들에게 포식자와 죽음의 신은 미국측 전사자와 '부수적 피해'를 최소화하기 위한 노력과 군사상 혁명을 집약하는 것이었다.[5]

무기를 장착한 포식자의 첫 공격은 2001년 말 아프가니스탄에서 이뤄졌다. 1996년부터 2001년 12월까지 아프가니스탄을 지배했던 탈레반 이슬람 근본주의 세력을 겨냥한 공중전의 일환이었다. 다음해 2월 아프가니스탄에서

CIA가 지휘한 드론의 첫번째 표적사살에서는 '키 큰 남자'를 표적으로 삼았고 결국 빈라덴 대신 세명의 가난한 농촌 남성만 목숨을 잃었다. 2002년 예멘에서는 테러리스트 용의자를 대상으로 드론 공격이 있었으며 2004년에는 CIA가 파키스탄의 용의자를 표적으로 삼기 시작했다. 그리고 2007년, 암살작전은 소말리아까지 확대되었다.[6]

드론 공격과 그로 인해 숨진 사람들의 수에 대해서는 다양한 추정치가 있지만 아주 큰 수는 아니다. 2015년 4월에 나온 공신력 있는 자료에 따르면 총 522번의 공격으로 3852명이 숨졌다. 사망자 중에서 476명은 '민간인'으로 확인되었다. 그런데 워싱턴 정책결정자들의 예상과는 반대로, 드론 공격의 극적인 성격으로 인해 정밀유도 살상의 비인간적이고 기계적이고 무심한 특성이 피부에 와닿을 만큼 구체적으로 부각되었다. 드론 공격은 부수적 피해를 최소화하려는 노력이라는 인정을 얻기보다는 오히려 미국인들이 벌이는 비밀스럽고 무책임하고 위험부담 없는 테러리즘의 상징이 되었던 것이다. 누군가의 논평에서 표현했던 것처럼, 그것은 '사형집행인의 무기'일 뿐 아니라 역설적이게도 '역풍의 무기'의 좋은 본보기가 되었다. 포식자와 죽음의 신은 상공에서 비행하는 지역의 주민들에게 분노를 촉발하고 극심한 공포를 불러일으켰다. 또한 보복을 불러왔으며 테러리즘의 대의를 위해 새로운 자원자들

을 불러모으는 결과를 낳았다.[7]

대략 전세계 주권국가의 4분의 3에 이르는 지역에서 군사작전 — 심지어 미국이 전쟁을 벌이고 있지 않은 나라에서의 최첨단 암살과 더불어 — 이 이뤄지고 있다는 사실은 불안정의 포물선이 뭔가 다른 것으로 변질되었음을 암시한다. 그런데 무엇으로 변한 것일까? 불안정의 대양? 전세계의 구석구석을 다 불안정하게 만들 기세인 지정학적 지각구조판의 변화?

2014년 중반 『월스트리트저널』은 "소련이 아프가니스탄을 침공하고 혁명적 이슬람교도들이 이란에서 정권을 장악하고 미군의 베트남 철수에 뒤이어 동남아시아가 동요하던 1970년대 말 이후로는" 만나보지 못했던 "광범위한 전지구적 불안정"에 미국이 직면했다고 선언하기에 이르렀다.[8] 처음에 불안정의 포물선 공식은 주요 국가들 사이에서 일어날 수 있는 잠재적 갈등을 모두 대단치 않게 보았고, 중동과 아프리카, 아시아 지역에만 주로 집중했다. 이제 '파탄국가'나 혼란을 가중하는 '불량국가'와 결부된 이슬람 테러에 대한 공포는, 부상하는 중국과 목소리를 다시 높이는 러시아, 그리고 (2015년까지는) 거의 핵무기 국가였던 이란 등 강대국으로부터의 위협에 대한 전망으로 더욱 복잡하고 심각해졌다.

이렇게 고조된 불안감은 기술과 관련된 예전의 두려움

이 겉모습만 바꿔 부활 ─ 다름 아닌 바로 '불안정의 핵 포물선'이라는 유령 ─ 함으로써 더욱 격화되었다. 소련의 해체와 함께 핵무기 경쟁이 끝난 지 15년 만에 핵공포가 다시 등장한 것이다.

2005년쯤부터 미국 전략사상가들이 표명한 바처럼, 이 번에는 "페르시아만에서 이란과 파키스탄, 인도, 중국, 북한을 거쳐 동해까지 이르는, 그리고 러시아가 그 위로 넓게 자리를 잡은" 4천마일 이상 길게 뻗은 "핵무장 국가들의 공고한 전선"이 만들어졌다. 이 공포는 불길한 핵무장(그리고 핵무장 가능) 국가들의 포물선에서 그치지 않았다. 비국가 테러리스트들 역시 핵무기를 확보할 수 있다는 무시무시한 가능성까지 있었던 것이다.[9]

충분히 예상하겠지만, 이 불안정의 핵 포물선에서 미국의 핵정책이야말로 주요한 도발요소였고 지금도 여전히 그러하다는 사실은 대체로 눈에 띄지 않는다. 앞선 사건의 결과로 생겨난 정책들이 보통 다른 존재들에게는 위협적으로 여겨지고, 그것이 충분히 위협적일 만하다는 점은, 자기중심적인 '방어' 사고방식에 강박적으로 빠져들다보면 잊게 되는, 심각한 맹점이다. 미국이 군사적으로 어마어마한 '기술적 비대칭'을 끊임없이 추구함으로써 온갖 종류의 무기경쟁이 내내 지속될 수밖에 없었던 것이다.

◆

　소련의 붕괴는 억제 이론의 붕괴를 의미하지 않았다. 그 대신 위협과 표적이 상당히 수정된 미국의 전략계획이 냉전억제 이론을 대체하게 되었다. 새로운 핵 패러다임에서 러시아는 중국뿐 아니라 '불량국가' 뒤로 물러나게 되었다. ('불량국가'라는 용어는 1990년대 중반 클린턴 행정부 때 고위관료들이 즐겨 사용했고, 이라크와 이란, 북한을 겨냥한 조지 W. 부시 대통령의 악명 높은 '악의 축' 발언 이후 부활했다.) 동시에 '억제'와 '핵확산 방지'는 단지 잠재적인 핵의 위협만이 아니라 화학적·생물학적, 그리고 방사능 '대량살상무기'까지 포함하는 것으로 재해석되었다.[10]

　이렇게 재정의된 임무는 내부의 논쟁을 촉발했지만, 어쨌거나 새로운 패러다임의 여파는 광범위했다. 1997년 펜타곤 특수무기국은 국제적 환경이 "'무기가 무수히 많은 환경'에서 '표적이 무수히 많은 환경'으로 진화"했다고 보았다. 핵무기는 숫자상 감소했을지 모르지만 그것으로 할 수 있을 거라고 생각되는 일은 급증했다. '비전략핵무기 배치'와 제한적 혹은 지역적 핵 작전에 새로이 무게가 실렸다. 즉 '부수적 피해'를 줄이고자 전술핵무기 개선에 더 중점을 두게 되었다는 것이다. 여기에는 무엇보다도 '소형핵무기'의 개발이 포함되었다.[11]

미 전략사령부에서 준비한 1995년의 기밀 보고서는 이렇게 수정된 전망을 노골적으로 표현한다. "발명된 핵무기를 '없던 일로 한다거나' 일정한 수가 비밀리에 제조되는 일을 미연에 방지하는 일이 불가능하다고 보기 때문에" 이 무기들이 여전히 전략적 억제의 중심 항목이 될 수밖에 없다고 적고 있다. 더구나 미국이 '소극적 안전보장'(선제사용 자제라든지 비핵 국가들에 대해 절대 핵무기를 사용하지 않는다는 서약 등)에서 벗어날 수 있다면 그 효과가 증대될 것이라고 보았다. 핵이든 아니든, 모든 종류의 대량 살상무기를 사용하지 못하도록 '어떻게 해야 가장 적절하게 적의 마음에 공포를 심어줄 수 있을지'가 무엇보다 어려운 문제였다.

보고서는 계속해서, 이 목적을 위해 불확실의 기운을 만들어내고 "우리 자신을 너무 합리적이고 냉정한 존재로 그려 보이는 것이 해가 될 수 있다는 것을, 핵심적인 이해관계가 공격을 받으면 미국도 비합리적으로 보복할 수 있다는 점이 우리가 모든 적에게 내보이는 하나의 국가적 면모가 되어야 한다는 것"을 명심해야 한다고 적고 있다.[12] 근본적으로, 이것은 닉슨의 '광인 이론'의 재판(再版)이라 할 만했다. 언제나 그렇지만, 신흥 핵 국가들도 그와 유사하게 사고하고 행동할 가능성에 대한 고려는 거의 보이지 않는다.

핵억제를 유지하고 그 전략적 적용 가능성을 확장하기 위해서 냉전 때 수준의 핵보유량을 유지할 필요는 없었다. 1989년 — 소련이 해체되고 축소된 러시아가 그 뒤를 이어가기 2년 전 — 부터는 그전까지 적이었던 강대국들이 전략무기 3인조인 장거리 대륙간탄도미사일, 잠수함 발사형 탄도미사일, 전략폭격기의 수를 획기적으로 줄이는 데 합의했다. 미국은 1990년에 새로운 핵무기 생산을 중단했고, 1992년 10월 첫번째 부시 대통령은 전면적 무기 실험을 포기한다는 단독 선언문에 서명했다.[13]

미국과 소련/러시아의 핵무기 보유량에 대한 추정치는 다양하지만 어림잡은 수치라도 충분히 명확하다. 소련이 해체된 1991년의 어느 상세한 자료에 따르면 핵보유량에서 미국은 대략 2만 400개의 탄두, 소련은 약 3만 4600개의 탄두를 보유했다. 핵심적인 전략탄두 3인조의 경우 미국은 9300기(그리고 해외, 주로 유럽 기지에 배치된 2500기)였고 소련은 9202기였는데, 소련의 경우 앞으로 유럽의 분쟁 가능성에 대비해 개발한 비전략핵무기를 2만 3000기 이상 보유하고 있었다. 2001년 미국의 전략핵무기는 6196기로 감소했고(해외에는 여전히 460기가 배치되어 있었다), 소련의 전략 핵탄두는 5263기로 줄었다.[14]

9·11과 그 여파로 인해 철저한 핵 폐기와, 발생 가능한 지역분쟁에 대한 핵억제라는 목표 재설정 사이의 긴장이

격화되었다. 한편으로 테러리스트 공격의 충격으로 인해 탄력적인 핵 임무를 옹호하는 측에서는 이제야말로 다양한 각도에서 생겨나는 위협에 맞서 잠재적으로 이용할 가능성을 염두에 두고 긴급히 핵무기를 재편해야 한다는 확신을 갖게 되었다. 하지만 동시에 다른 한편으로는 핵무기가 비국가 테러리스트들의 수중에 들어갈 수도 있다는 무시무시한 가능성 때문에 결과적으로 많은 전략가들이 입장을 바꿔 '억제 이론'은 이제 합당하지 않을 뿐 아니라 위험천만하다고 주장하기에 이르렀다. 이들이 보기에 예전의 전쟁규칙에 따라 움직이지 않는, 자살도 마다않는 적들의 손에 그 치명적 무기가 들어가지 않도록 그것을 완전히 폐기하는 것이 긴급한 임무였다.

2001년 1월 출범한 조지 W. 부시 행정부는 러시아와 협력하여 핵무기 보유량을 꾸준히 줄여나가고 있었다. 그러면서도 동시에 1990년대 중반에 국방부의 '개념적 틀'이 된 전 영역 우세 이론 역시 받아들였다. 이렇게 넓은 스펙트럼에 펜타곤에 스며들기 시작한 새로운 핵 패러다임까지 통합되었다는 사실은 2001년 말 의회에 제출된「핵 태세 검토 보고서」같은 지침서에서 분명히 드러난다.

이 보고서는 공격용 핵무기를 유일한 억제전략으로 삼는 일이 "21세기에 우리가 직면할 잠재적 적들을 억제하기에는 부적절"하다며 폐기해버린다. 러시아와, 훨씬 더 위협적인 존재인 중국이 여전히 표적이기는 하지만, 핵무기를 사용할 가능성이 있다고 보이는 잠재적 적들을 명시한 목록에는 이라크, 북한, 이란, 시리아, 리비아가 포함되어 있다. 이에 그치지 않고, 핵억제 또는 핵의 사용이 뒤따를 수 있는 또다른 '잘 알려진 현재의 위험요소'로 중동이나 분단된 한국 내의 국가 간 분쟁, '대만의 지위'와 관련된 분쟁을 꼽았다.[15] (파키스탄, 인도, 이스라엘이 핵무기 선제 공격을 할 수 있다는 우려는 항상 뒤에 깔려 있다.)

이렇게 '다양한 잠재적 적대세력과 뜻밖의 위협'에 대처하기 위해서는 대량보복의 역량만이 아니라, 핵과 비핵, 그리고 방어 역량을 탄력적으로 '새롭게 혼용'할 것이 요구되었다. 계획문서는 이러한 혼용을 "단기간에만 노출되는 초고가치(very-high value) 표적에 대해 선제공격의 위협(또는 실제 공격)을 가하는 일"까지 포함한 "전지구적 타격" 역량으로 정의하고 있다. 그러한 전지구적 타격의 혼용은 "장거리, 초고속, 동적(선진 재래식 무기와 핵무기)·비동적인 효과와 무인 시스템, 사이버 시스템, 그리고 더 확장된 지역으로까지 배치된 소규모 특수작전부대에 주로 의존"하게 될 것이었다.[16]

위협을 인식했을 때 선제적으로 대응한다는 옵션은 새롭지 않다. 그것은 일찍이 '선제공격' 핵 이론화에 암시된 바 있으며, 핵억제와 재래식 무기를 혼용하고, 핵을 사용하지 않는 국부적 위협에 두가지 방식으로 모두 대응할 수도 있다는 입장의 옹호자들 역시 일찍부터(윌리엄 페리의 회고록에서 강조되었듯이) 있었다. 그럼에도 불구하고 고위급 기획의 관심을 받았다는 점에서 의미심장한 출발이었다. 그들은 핵탄두를 잠재적인 전투무기로 전환했고, 그렇게 해서 이론상 전술작전에서 사용될 수도 있는 저위력 핵탄두의 생산으로 주의를 돌렸던 것이다. 「핵 태세 검토보고서」에 적혀 있듯이 그것은 또한 "지시가 내려지면 새로운 국가적 요구에 맞추어 새 탄두를 설계, 개발, 제조, 인증할 수 있도록 활성화된 핵무기 복합체"를 창조하는 데 주안점을 두었다. 여기에서 나온 결론은 다양했다. 우선 새로운 세대의 핵탄두 설계자들을 길러낼 필요가 있었다. 아직 그 규모를 결정한 것은 아니지만 실질적인 "핵무기의 예비 비축량"을 보유하는 것이 바람직하고, "필요하다면 지하 핵실험을 재개할 준비를 갖추어야" 했다.

그 밖의 군사계획이나 발표내용과 더불어 「핵 태세 검토보고서」를 통해, 부시 행정부가 전념하고 있던 논쟁적인 정책 두가지가 분명해졌다. 하나는 핵미사일에 대한 방어의 강화로, 미국을 포함한 모든 핵보유국들은 언제나 핵미사일을 국가방위에 대한 위협으로 간주해왔었다. 다른 하나는 군축합의 참여 거부였다.[17]

◆

9·11 이후 핵에 대한 이런 식의 자기주장이 아무 문제없이 넘어갈 수는 없었다. 일은 뜻밖의 곳에서 생겼다. 2007년 1월, 네명의 전직 핵 전도사들 ─ 헨리 키신저, 윌리엄 페리, 조지 슐츠, 샘 넌 ─ 이 공동으로 「핵무기 없는 세상」이라는 기고문을 『월스트리트저널』에 발표한 것이다. 이것이 하나의 서곡이 되어 2008년에서 2013년 사이에 네편의 공동논문이 더 발표된다. 네명의 저자는 무기와 그에 대한 지식과 물질이 갈수록 빠른 속도로 확산되고 있어 세계가 이제 '핵의 기울기 지점'〔tipping point, 새로운 변화가 나타나는 과정에서 그 변화의 속도가 급속도로 가속화되는 지점 ─ 옮긴이〕에 이르렀고, 이제 "지금껏 발명된 가장 치명적인 무기가 위험한 자의 수중에 들어갈 가능성이 정말 실질적으로 존재"하게 되었다고 주장했다.[18] 2008년 12월 빠리에서는, 100명이 넘는 세계 지도자들이 그에 호응하여, 2030년까지 점차적으로 모든 핵탄두를 없애는 것을 목표로 하는 '글로벌 제로'라는 국제적 운동을 대대적인 홍보와 함께 시작했다.

오바마 대통령은 2009년 직무를 시작하며 '글로벌 제로'의 이상을 지지했고, 핵과 다른 국제 문제에 대한 언사 덕택에 노벨평화상을 받기까지 했다. 그러나 얼마 지나지 않아 오바마 행정부는 완전한 핵군축은 가능하지 않다는 점을 분명히 하게 된다. 2010년 4월 「핵 태세 검토 보고서」는 핵실험과 새로운 무기개발이 없을 것임을 확인함으로써 이전 행정부의 입장에서 벗어났고, 같은 해 워싱턴과 모스끄바는 전략핵탄두를 추가로 감축하는 데 합의하는, 이른바 '뉴 스타트'(New START) 조약을 체결했다. 하지만 이 조약은 비전략핵무기나 배치되지 않은 예비 핵무기에 대해서는 제한을 두지 않았고, 전략무기 3인조의 유지에 별다른 영향을 끼치지도 않았다. 오바마 대통령은 뉴스타트 조약에 대해 상원에서 발언하면서 이것이 미국의 로켓엔진 산업기지를 유지하고 "전략핵수송 시스템 3인조 ― 즉 장거리 전략폭격기와 공중 발사 크루즈미사일, 지상형 대륙간탄도미사일, 잠수함 발사형 탄도미사일 ― 를 현대화하거나 대체할" 계획임을 확실히 밝혔다.[19]

결국 뉴 스타트 조약은 '핵무기 없는 세상' ― 2010년 4월 프라하에서 했던 유명한 연설에서 오바마 자신이 쓴 표현 ― 으로 한걸음 내딛기보다는, 핵억제라는 수정된 패러다임을 옹호했던 냉전 이후 전략기획가들이 승리했음을 알려주었다. 미국과 소련 사이에 공포의 균형을 가능하게 했던 어마어마한 무기들이 상당히 감소될 터였지만, 완전히 사라지지는 않을 것이었다. 2015년 3월에 발표된 공식 통계에 따르면 배치된 전략핵탄두는 미국에 1597기, 소련에 1582기가 있었다. (다른 자료에서는 이 수치가 약간 더 높다.)

냉전이 절정에 이르렀을 때 두 강대국이 보유했던 핵무기가 총 6만기가 넘었다는 점을 고려하면, 이렇게 '상호확증파괴'에서 물러나게 된 것은 인상적이다. 하지만 이러한 성취는 현재 9개국이 핵무기를 보유하고 있고 그중 어느 누구도 그것을 포기할 진지한 의도가 없다는 사실로 인해 그 의미가 손상된다. 핵보유 가능 국가를 합하면 그 수가 상당하고, 우연적으로나 의도적으로 이 끔찍한 무기를 사용할 잠재성은 갈수록 늘어간다. '불안정의 포물선'은 10년 전 이 용어가 처음 나왔을 때보다도 훨씬 더 불길한 기운을 지니게 된 것이다.[20]

오바마 행정부의 구체적인 장기 핵 기획은 2014년 9월에 그 모습을 드러냈다. 12기의 탄도미사일 잠수함과 최대 100기의 신 장거리 폭격기, 그리고 400기의 지상형 탄도미사일을 새로 제조하거나 개조함으로써 핵 3인조를 현대화하자는 요구였다. 이를 위한 예상비용은 상상을 초월했는데, 향후 10년간 3550억달러, 그리고 이후 30년 동안 1조달러 이상이었다. 이렇게 기획된 핵무기의 대부분이 2020년대에 완전히 가동 준비를 마칠 계획인데, 공교롭게도 '글로벌 제로'의 주창자들이 자신들의 꿈이 이루어질 것으로 희망한 시기인 2030년 직전이다.[21]

2015년에만 해도 민간 자료에서는 전세계적으로 비축된 총 핵탄두 수가 약 1만 5700기라고 보았다. 이 중에서 4100기가 가동이 가능한데, "미국과 러시아에서 약 1800기가 만반의 준비를 갖춘" 상태다. 두 나라는 각각 배치되지 않은 예비 핵탄두 몇천기씩을 보유하고 있다. 철수되어 해체 예정인 핵탄두 재고도 각각 상당한 양이다(러시아에 약 3000기, 미국에 약 2500기). 다른 7개 핵보유국의 추정된 핵탄두 수는 다음과 같다. 프랑스 300기, 중국 250기, 영국 215기, 파키스탄 100~120기, 인도 90~100기, 이스라엘 80기, 그리고 북한 10기 이하다.[22]

2015년 3월 『이코노미스트』의 '새로운 핵 시대'에 대한 표지기사는 "냉전이 절정에 이르렀을 때보다는 핵무기가 적기는 하지만 (…) 그것이 사용될 가능성은 더 높고, 점점 더 높아지고 있다"고 결론을 내렸다. 러시아는 국방예산의 3분의 1을 핵무기 현대화에 쏟아부었다. 중국은 2차 공격능력(핵무기 공격을 받았을 때 강력한 핵무기로 그에 대해 보복할 수 있는 능력 ─ 옮긴이)을 개발하기 위해 막대한 투자를 하고 있었다. 파키스탄은 인도에 비해 재래식 병력에서 보이는 열세(그리고 그 병기에 대한 군부의 통제력도 의심스러웠다)를 만회하기 위해 전장에서의 핵무기에 중점을 두고 있었다. 파키스탄과 인도, 두 나라 모두 그러한 무기를 잠수함으로 수송할 능력을 개발 중이었다. 북한은 미국 서해안에 닿을 수 있는 미사일을 개발 중인 게 확실했다. 이란은 금방이라도 핵무기 보유국에 들어가기 직전이었다(2015년 중반 유엔 안전보장이사회와 유럽연합의 상임이사국들이 체결한 합의로 그 상황을 미연에 방지했다). '기울기 지점'이 더 기울어진다면 다른 나라들도 핵무장을 하겠다고 나설 것으로 보이는데, 그런 나라로 사우디아라비아와 이집트, 일본, 한국을 언급하고 있다.[23]

21세기의 첫 10년 만에 46개국이 이미 무기로 쓸 수 있는 우라늄을 보유했고, 13개국이 무기로 쓸 수 있는 플루토늄을 보유했다. 그 수치를 넉넉하게 잡은 한 자료는 이처럼 퍼져 있는 무기제조 수준의 핵분열성 물질을 다 합하면 '20만기 이상의 핵무기'를 만들 정도라고 계산했다. 여기에 자살폭탄 테러리스트들이 소형무기를 사거나 훔치거나 제조하겠다고 마음을 먹고, 마약처럼 표적국가에 몰래 들여오기라도 한다면, 새로운 핵공포의 균형은 뒤틀린 형태로 예전만큼이나 위태롭고 무시무시해질 것이다.[24]

9장
미국의 세기 75주년
★ ★ ★

2016년은 『라이프』 출판인 헨리 루스가 '미국의 세기'라는 용어를 만들어낸 지 75주년이 되는 해였다. 그가 지금 살아 있었다면 어떤 반응을 보였을까?

루스가 어떤 차원에서는 미국이 '세계에서 가장 강력하고 활력있는 나라'라는 자신의 비전이 확인되었다고 보았을 것임은 의심할 여지가 없다. 고립주의는 과거의 사고방식이었고, 2차대전으로 완전히 과거지사가 되었다. 분파적 정체성과 무관용이 갈수록 강하게 대두하면서 그것을 위협하기는 했지만, '진정으로 미국적인 국제주의'는 전세계 대부분을 망라했다. '민주주의 원칙' '법 앞의 자유' '기회 균등' 등, 루스가 독립선언서와 헌법, 권리장전의 핵심으로 극찬한 가치들이 이제 세계적으로 통용되고 있다. 그것은 그저 미사여구에 그칠 때도 많았지만 여전히 사람들의 마음과 정신 속에서 중요한 자리를 차지한다. 현대 역사상 가장 끔찍한 분쟁이 지구를 삼켜버리기 직전이었던 1941년에는 그렇지 않았던 것이다.

전세계적으로 소비사회가 번창하는 광경을 보았으면 루스는 무척이나 기뻤을 것이다. (1941년 글에는 '더 풍요로운 사회'가 '특유의 미국적인 약속'이라는 언급이 있다.) 소련의 붕괴도 그러했을 것이다. 자신이 태어나 십대 중반까지 살았던 중국의 부상은 분명 그로서는 아주 곤혹스러운 일이었을 것이다. 위대한 문명 그리고 오래 고통받던 민중들이 드디어 힘을 얻고 융성해졌지만 여전히 무신론적이고 독재적인 공산주의 치하에 있으니 말이다.

'미국의 세기'는 선교의 열정을 담고 있다. 하나님의 말씀을 이교도에게 전파하는 데 헌신적이었던 장로교 집안 출신의 루스에게 그것은 비유적 의미가 아니었다. 이 열정은 애국심으로 전환되어 지금 이른바 미국예외주의라는 복음에까지 이르게 되었다. 이 복음에서 미국인의 미덕과 실천은 모든 다른 민족을 능가하며, 이것은 함께 나눌 수 있고 또 그래야만 한다. 이 메시지는 이상주의적이고 관대하고 도덕주의적이고 온정주의적이고 거들먹거리며, 이중잣대와 위선으로 가득하고, 무엇보다 자기반성과 자기비판이 결여되어 있다. 그런 점에서 1941년의 헨리 루스에게는 75년이 지난 후 고국의 독선적인 확신과 선교사적 수사가 아마 익숙하고 편안할 것이다. 냉전과 그 이후 테러와의 전쟁으로 그러한 민족주의적 웅변은 더욱 목소리가 커졌는데, 사실 그 뿌리는 아주 깊다.

하지만 1941년의 어떤 글도 2차대전 이후 벌어진 가파른 변화를 예상할 수는 없었을 것이다. 그리고 루스와 마찬가지로 1967년에 사망한 그 어느 누구도 미국이 베트남전(그가 그렇게 열렬히 옹호했던)에서 얼마나 망가지고 굴욕적인 모습으로 빠져나오게 될지, 혹은 디지털 혁명이 어떻게 세상을 바꾸고 군사(軍事)에까지 그 변화가 미칠지, 혹은 국가 간의 충돌이라는 역사적 전례에 뒤이어 어떻게 비국가와 비정규전과 테러의 시기가 생겨나 미국과 미국의 세기 모두에서 공포를 근본적인 특성으로 만드는 데 성공하게 될지 상상하지 못했을 것이다.

1941년에 '전세계의 경찰 노릇을 하는 것이' 미국의 임무가 '단연코' 아니라고 적었던 루스가 약 150개국에서 비밀작전을 수행한 CIA와 미 특수작전부대에 대해, 혹은 800개 이상의 해외군사기지를 지니고 있는 미국에 대해 어떤 식으로 반응할지 알 수는 없다. 미국의 군사비 지출이 연간 1조달러에 가깝고, 펜타곤의 연간 '기본예산'이 미국 다음 여덟개국의 예산을 모두 합한 액수보다 많다는 사실을 놓고 그는 어떤 말을 했을까? 이제 지상과 공중과 바다에서만이 아니라 우주와 사이버 공간에서까지 전 영역 우세를 유지하는 것을 임무로 규정한 군사체제에 대해서는? 2007년에서 2014년 사이에 가치로 따졌을 때 모든 무기 이동의 거의 반을 차지할 만큼 미국이 전세계적으로 가장 거대한 무기 공급자라는 사실에 대해서는 어떨까?[1]

루스는 심지어 뉴딜 식의 '집단주의'에도 이념적 적개심을 보였는데, 자신의 조국이 안보국가이자 감시국가가 되었다는 사실에 대해 무슨 얘기를 할지는 단지 추측만 할 수 있다. 철저한 핵 폐기를 거부한 것에 박수를 치고 미국의 축소된 핵병기를 현대화하는 일에 찬성했을 것은 거의 분명하지만, 그것 역시 단정할 수는 없다. 어쨌든 냉전 시 핵의 열렬한 주창자 중 많은 수가 결국에는 전지구적 파편화의 시대에 핵억제가 어리석은 정책이라는 사실을 깨닫게 되었으니 말이다.

루스가 21세기의 혼돈에 경악하고 당혹스러워할 것임은 어렵지 않게 상상할 수 있는데, 그것은 그로 하여금 1941년에 임박한 미국의 세기에 대해 희망찬 비전을 그려 보이게 했던 민족과 이념의 거대한 충돌과는 너무나 다른 것이기 때문이다. 75년 후에 루스는 자신의 사랑하는 조국이 아프가니스탄과 이라크라는 작은 두 나라에서, 이미 진주만 공격에서 2차대전 종전까지 기간의 세배도 넘는 기간을 끌어온 분쟁으로 인해 군사적으로 수렁에 빠져 있음을 알게 되었을 것이다. 이것만이 아니라 미군은 동시에 대중동 권역의 다른 다섯개 국가(파키스탄, 시리아, 리비아, 예멘, 소말리아)의 분쟁에도 연루되어 있는데, 이 역시 그 끝이 보이지 않는다.

언뜻 보면 이 장소의 이름들이 과거의 국가 간 분쟁과의 연속성을 말해주는 것으로 보일 수도 있지만, 그런 인상은 금방 사라질 것이다. 국가의 이름이란 그저 후견국가와 대리전, 대리병력, 반란, 경쟁 테러리스트, 민병대 조직, 종파 간 증오, 부족과 인종 간 분쟁, 그리고 순전한 범죄와 타락이라는 정신 사나운 조각보 위에 종이를 발라놓은 것에 불과하기 때문이다. 보통 사람들이 그냥 봐서는 도대체 누가 누구와 싸우는 건지 판별할 수 없을 정도다.

공식적 설명으로는 아프가니스탄과 이라크 전쟁은 둘 다 2016년에 막을 내렸다. 미국은 2011년 12월에 이라크에서 전투부대를 철수한다고 공식발표했고, 2년 후 오바마 대통령은 미국이 더이상 '전지구적인 테러와의 전쟁' 자체를 지속하지 않는다고 선언했다. 2014년 미국과 나토 모두 아프가니스탄에서의 전투임무를 정식으로 종결했다. 이는 작전상으로나 상징적으로나 의미심장한 전개과정이었지만, 실제로는 포위공격을 받는 그 두 나라에 대한 군사적 개입이 끝나지 않았다. 펜타곤에서 돈을 지불하는 수천만의 미국과 외국의 민간군수업체들이 그 활동을 끝낸

것도 아니었다. 예전의 테러와의 전쟁은 새로운 이름으로, 새로운 환경에서 지속되었다.[2]

미국 주도의 외국 병력은 아프가니스탄에서 절대 완전히 철수한 적이 없었다. 2016년 중반 현재 7000명에 이르는 미군 인력이 아프가니스탄 군대를 훈련하거나 다른 방식으로 지원하고 있다. 거기에 주둔하는 또다른 2850명의 미국 특수작전부대는 비밀스러운 '반 테러리즘' 임무에 종사하고 있다. 5850명 이상의 나토군이 아프가니스탄에 배치되어 있다. 그리고 군수업체 종사자의 수는 적어도 2만 6000명은 된다. 이라크의 경우, 그 지역과 이웃한 시리아에 이라크와 시리아의 전투적인 이슬람국가(ISIS)가 등장하면서 그에 대한 대응으로 미군 병사들이 2014년 중반부터 다시 들어가기 시작했다. ISIS의 기원은 2003년 미국 주도 침공에 대한 대항으로 거슬러 올라간다. 그들은 2014년 초부터 미국이 훈련시킨 이라크 정부군을 주요 도시로부터 몰아내기 시작했고, 6월에는 대담하게도 자신들이 칼리프라고 선언했다. 2016년 중반까지 이라크와 시리아의 폭격임무를 맡은 항공기와 특수작전부대를 포함하여 이라크 내 미 병력은 5000명 정도였다. 2014년 4월에서 2016년 4월 사이에 이라크 안팎의 공습에 의해 4만개 이상의 폭탄이 투하되었다.[3]

2011년 잔혹한 내전으로 완전히 망가진 시리아에서는,

러시아 전투기뿐 아니라 이란의 지원을 등에 업은 시리아 정부가 조잡한 드럼통 폭탄에서부터 소이탄과 인(燐) 폭탄, 집속탄, 어마어마한 '벙커버스터'와 염소가스 공격까지 온갖 무기를 동원하여 반군이 장악한 인구밀집 도심 지역에 마구 공격을 퍼부었다. 이미 죽음과 파괴의 무정부 상태인 그곳에 ISIS의 약탈이 가세했다. 5년 동안 지속된 분쟁으로 사망한 반군과 민간인 정부군의 수는 거의 50만명으로 추정되고, 알레포를 비롯한 위대한 도시들이 완전히 폐허가 되었다. 전쟁 전 인구가 약 2200만에서 2300만이었던 나라에서, 적어도 660만명이 다른 지역으로 떠나고 490만여명이 피난민이 되었다. 이 뿌리 뽑힌 사람들의 수는 전쟁 전 그 나라 인구의 거의 반에 달하는데도, 2016년 초 유엔이 발표한 기존 거주지에서 쫓겨난 전세계 6500만명 이상의 사람들의 일부일 뿐이다.

헨리 루스가 자신의 유명한 글이 발표되고 75년이 지난 뒤 어떤 생각을 할지 상상하는 것은 물론 재미삼아 해본 일이지만, 직접적이고도 도발적인 방식으로 과거와 현재를 선명하게 내보이는 데 도움이 되기도 한다. 2016년 즈음은 9·11에 대한 미국의 군사적 대응이 시작된 지 15년이나 지난 때였고, 그 사이 그 대응의 이름도 여러번 바뀌었다. 'GWOT'에서 '해외비상작전'(2009년 예산을 따내기 위해 관료들이 새로 붙인 이름)이 되었다가 '장기전'(군인

사회에서 흔히 쓰는 용어)으로 불리기도 했다. 심지어 '영원한 전쟁'(비판적인 논평에서 널리 쓰이는 용어)도 있었다. 예전과는 전혀 다르게, 설득력 있는 축적된 자료를 이제는 구할 수 있다. 루스가 이런 자료를 보고 경악하고 곤혹스러워하지 않으리라 상상하기는 힘들다. 2차대전과 그 여파를 제외하고는 전세계적으로 가장 많은 수의 사람이 본래 살던 곳을 등지게 된 비극적 상황, 사상자가 적었다는 1991년의 걸프전까지 포함하여 미국이 벌인 전후 전쟁에 참여한 대부분의 참전용사들이 겪는 장기적인 정신적·정서적 장애, 준전시 상태를 지속하는 데 전념하는 거대한 안보국가를 창조함으로써 민주주의에 가해진 정치적 해악, 단 하루의 테러 공격에 대한 오만하고 너무나 과도한 대응으로 인해 앞으로 수십년 동안 발생하게 될 막대한 재정상의 지출.

하지만 동시에 루스는 분명 대중동 권역을 갈가리 찢어놓은 폭력의 뿌리가 대부분 그 지역토착적 문제였다는 점을 지적했을 것이다. 이 점을 부인할 사람은 정말 아무도 없을 것이다. 그러나 사태를 차분하게 지켜본 사람이라면 9·11에 대한 워싱턴(그리고 런던)의 무모한 대응으로 인해 불안정과 붕괴가 촉발되었음을 그 누구도 부인하지 못한다. 아이러니한 점은, 재앙을 불러온 테러와의 전쟁을 처음 시작하면서 나왔던 공식적인 수사의 많은 부분이 미국의 임무와 명백한 운명에 대한 루스의 1941년 발언에서 그대로 따온 듯했다는 것이다.

런던과 관련해서라면, 루스는 이라크 침공과 점령 때 영국이 관여한 일에 대해 7년간의 긴 조사를 끝내고 나온 결과물로 2016년에 출간된 13권짜리 「칠콧 보고서」를 구할 수도 있었을 것이다. 그 보고서는 미국이 벌인 선제적 전쟁에 동참하기로 한 정부의 결정과 그 임무를 규정하고 수행하는 데서 드러난 영국군의 무능함, 양자에 대한 통렬한 문책이다. 루스는 문서를 법적으로 요구하고 증언을 수집하고 결정과정을 평가하고 개인과 조직의 책임을 따져볼 권한이 있는, 그와 마찬가지의 공식적인 조사가 왜 미국에서는 이뤄지지 않았는지 물을 수도 있을 것이다(아마 그러지 않겠지만). 사실 그보다 더 예리한 질문은 왜 그러한 일이 미국에서는 정치적으로 불가능한가이다. 해명할 필요도, 책임질 필요도 없다는 것이 예외주의의 필수적인 하나의 요소란 말인가?[4]

이 모든 폭력과 고통 — 그리고 그에 앞서 1945년 이후에 있었던 모든 혼란과 유혈사태 — 을 지켜보면서 미국이 세계의 마지막이자 최고의 희망이라는 루스의 믿음이 흔들릴 거라고 상상할 만한 이유는 없다. 오히려 끔찍했던 2차대전과 그에 앞선 시대에 비하면 그나마 폭력이 억제되었다고 주장하는, 심지어 9·11 이후 우리가 목격한 죽음과 고통과 괴로움은 미국 측에서는 사실 기술적으로나 정신적으로나 정밀함과 저지력, 그리고 민간인 사상자를 피하기 위한 노력 쪽으로 방향을 돌린, 칭찬할 만한 태도를 반영한다고 주장하는 무심한 관찰자의 합창에 그가 동참하는 모습을 쉽게 그려볼 수도 있다.

예외적 미덕이라는 신비에는 무책임이나 도발, 무력에 대한 도취, 망상, 오만, 무모한 범죄행위, 심지어 범죄적 과실에 대한 진지한 고려가 들어설 자리가 없는 것이다.

주석

1장 · 폭력의 측정

1 2013년 2월 마틴 뎀프시 장군이 상원 군사위원회에서 한 말. 다음 날 하원 군사위원회에서도 비슷하게 말했고, 2012년 증언에서도 그러했다.

2 Steven Pinker, *The Better Angels of Our Nature: Why Violence Has Declined* (Penguin, 2011), xxi면. 온라인상에 핑커가 쓴 글이나 그에 대한 글은 무척이나 많다. 그는 '장기적 평화'라는 호칭을 역사학자인 존 개디스에게서 따왔다는 걸 인정한다. '가장 평화적인 시대'라는 표현은 그의 책 첫 문단에 등장하고, 많은 발표문에서도 본질적으로 똑같은 표현으로 반복해서 나타난다. 사실 폭력이 감소했다는 주장은 핑커의 책이 나오기에 앞서 확고히 자리를 잡고 있었다. 예를 들어 2003년에 발표된 어떤 학술 논문에서는 "전쟁은 이제 구시대의 유물이 되어간다는 건 거의 상식이 되었다"고 쓰고 있다. Meredith Reid Sarkees, Frank Whelon Wayman, and J. David Singer, "Inter-State, Intra-State, and Extra-State Wars: A Comprehensive Look at Their Distribution over Time, 1816-1997," *International Studies Quarterly* 47 (2003): 49~70면.

3 '제노사이드 워치: 대량학살을 끝내기 위한 국제 동맹'에서 작성한 도
   표 참조. genocidewatch.org 사이트의 "Genocides, Politicides, and
   Other Mass Murder since 1945" (2010). '누적 민간인 사망자'의 수
   는 개략적으로만 주어져, 최대/최소 추정치는 제공되지 않고 있다.

4 이 말은 여러 곳에 인용되어 있다. 예를 들어 Steven Pinker and An-
   drew Mack, "The World Is Not Falling Apart," *Slate*, December
   22, 2014를 보라.

5 United Nations High Commissioner for Refugees (UNHCR), *Glob-
   al Trends: Forced Displacement in 2015* (June 2016). 앞선 보고
   서로는 UNHCR: Mid-Year Trends 2015와 UNHCR, Global Trends:
   Forced Displacement in 2014 참조.

6 David Rieff, "Were Sanctions Right?" *New York Times Magazine*,
   July 27, 2003.

7 "Minefield: Mental Health in the Middle East," *Economics*, May
   21, 2016.

8 Terri Tanielian and Lisa H. Jaycox, ed., *Invisible Wounds of War:
   Psychological and Cognitive Injuries, Their Consequences, and
   Services to Assist Recovery* (RAND Center for Military Health Poli-
   cy Research, 2008). 특히 xxi면과 3~5면. 또한 PTSD, TBI, 그리고 관
   련된 다른 정신질환에 대한 이후의 자료에 대해서는 이 책의 7장을 참
   고하라.

9 economicsandpeace.org 사이트의 Institute for Economics and
   Peace, Global Terrorism Index 2015 (November 2015); cpostdata.
   uchicaggo.edu 사이트의 Chicago Project on Security and Ter-
   rorism (CPOST), "Suicide Attack Database" (updated April 19,
   2016).

10 하버드 케네디 스쿨 공공정책대학원의 벨퍼 센터 소장으로서 이러
   한 주장을 간결하게 반복하고 있는 것으로, Graham Allison, "Fear
   Death from Tree Limbs, not Terrorists," *Boston Globe*, February
   22, 2016을 보라.

11 스콧 애트런은 그의 글에서 이름을 밝히지 않은 공군장교가 '3D'에
   대해 한 말을 인용한다. "지금까지 D — 무찌르고 파괴하고 황폐화한

다 ── 를 위한 훈련을 받아왔는데, 이제는 우리에게 R ── 재건하고 개혁하고 갱신한다 ── 의 책임이 있다고들 한다. 아니, 난 그런 훈련은 받아본 적이 없는데, 도대체 나보고 뭘 어쩌라는 건가?" 2010년 3월 3일, 상원 군사위원회 내 신(新)위기 대처능력 소위원회에서 발표한 Scott Atran, "Pathways to and from Violent Extremism: The Case for Science-Based Field Research" 참조. '전 범위 우세'를 비롯하여 다른 구호와 임무진술은 6장에서 다룬다. '전 범위'에 대한 주문은 *Joint Vision 2010* (1996)과 *Joint Vision 2020* (2000), 두종의 합동참모본부 출판물에 등장했다. 공군 지구권타격사령부는, 냉전 시기의 전략공군사령부(1992년에 가동중단)하에서 핵무기의 취급부주의로 인한 위험스러운 사고를 몇차례 겪고 난 뒤 그 후속으로 2009년에 가동되었다. 해외주둔 기지에 대해서는 Department of Defense, *Base Structure Report ── Fiscal Year 2015 Basseline* (특히 DoD-6면)을 보라. 80개국에 800군데 기지라는 비공식적 숫자에 대해서는 David Vine, "The United States Probably Has More Foreign Military Bases Than Any Other People, Nation, or Empire in History," *Nation*, September 14, 2015를 보라. 또한 그의 심층적인 연구서 *Base Nation: How U.S. Bases Abroad Harm America and the World* (Metropolitan Books/Henry Holt, 2015)는 일시적으로 생겼다 사라지는 '연잎' 기지들에도 주의를 환기시킨다. 특전부대의 해외파병에 대해서는 8장에서 다루겠다. 닉 터스는 이 주제에 대해 조사하여 글을 쓰는 주요 저자로서 주로 탐디스패치 웹사이트(TomDispatch.com)에 발표한다. 2016년에 윌리엄 D. 하텅의 계산에 따르면 미국은 "180개국에서 안보병력의 무장과 훈련에 기여하고 있다". 탐디스패치 사이트의 "The Pentagon's War on Accountability," May 24, 2016 참조.

12 파키스탄과 예멘, 소말리아에 집중된 미국의 드론 공격에 대한 최신 자료는 탐사보도국 웹사이트(thebureauinvestigates.com)에서 확인할 수 있다. 영국의 드론 공격에 대한 최신 일람표는 the Drone Wars UK 웹사이트에 있다. 2014년 이스라엘이 가자지구에서 저지른 치명적인 드론 공격에 대해서는 Alternet 웹사이트(alternet.com)의 Ann Wright, "Two Years Ago Israel Attacked Gaza for 51 Days as Drone Warfare Becomes the Norm," June 8, 2016 참조.

13 Stockholm International Peace Research Institute, "Global Nuclear Weapons: Downsizing but Modernizing," June 13, 2016. sipri. org 사이트에서 열람할 수 있다.

14 Alan Robock and Owen Brian Toon, "Let's End the Peril of a Nuclear Winter," *New York Times*, February 11, 2016. 그에 앞서 나온 "Local Nuclear War, Golbal Suffering," *Scientific American* 302 (January 2010), 74~81면도 참조할 것. 두 사람은 핵겨울을 연구하는 과학자다. '핵무기를 만들 수 있는' 나라들에 대해서는 2장과 8장에서 논의할 것이다.

15 미국의 핵무기와 현대화 의제에 대한 간결한 요약으로는 Hans M. Kristensen and Robert Norris, "United States Nuclear Forces, 2016," *Bulletin for Atomic Scientists* 72, no.2 ("Nuclear Notebook") (March 2016), 63~73면 참조.

16 대통령이 연설에서 명시하지 않은 여덟개국이란 연간 국방비가 많은 순서대로, 중국, 러시아, 사우디아라비아, 프랑스, 영국, 독일, 일본, 인도다. Anthony H. Cordesman, *The FY2016 Defense Budget and US Strategy: Key Trends and Data Points* (Center for Strategic and International Studies, March 2, 2015), 3~12면, 특히 스톡홀름 국제평화연구소가 작성한 2014년 자료에 근거한 12면의 표 참조. 여기서 제시된 국방부의 연간 예산은 6400억 달러이고, 다음 여덟개국의 국방예산의 합계는 6070억 달러다.

17 정부자료에 근거하여 1조 달러의 예산을 표로 분류해놓은 자료로는, Project on Government Oversight 웹사이트(pogoarchives.org)에 있는 Mandy Smithberger, "Pentagon's 2017 Budget Was Mardi Gras for Defense Contractors," *Defense Monitor*, January–March 2016 참조. 멜빈 굿먼은 *National Insecurity: The Cost of American Militarism* (City Lights, 2013)에서 2차대전 이후의 미 군사비에 대해 비판적인 역사적 분석을 하고 있다. 탐디스패치 사이트의 William D. Hartung, "The Pentagon's War on Accountability," May 24, 2016도 볼 것.

18 루스가 발행한 세가지 대중잡지 『라이프』『타임』『포춘』은 여론에 강한 파급력이 있었고, 루스는 그들 잡지의 정치적 경향에 절대적이지는

않지만 상당한 영향력을 미쳤다. 많은 자료를 동원한 개괄적 설명으로는, Alan Brinkley, *The Publisher: Henry Luce and His American Century* (Knopf, 2009)를 보라.

19   Brinkley, *The Publisher*, chapter 12 ("Cold Warriors"). 특히 한국전쟁과 베트남전을 중국과의 전쟁으로 바꾸어야 한다는 주장은 365, 367, 377, 445~47면을, 소련과 중국에 대해 핵무기 선제공격에 대해서는 366, 372~73, 375~76면을 보라.

20   예를 들어 Andrew Bacevich, ed., *The Short American Century: A Postmortem* (Harvard University Press, 2012)에 실린 여러 평가를 보라.

2장 · 2차대전의 유산

1   va.gov 사이트의 Department of Veterans Affairs, "America's Wars," May 2015. 1898~1902년에 걸친 미국과 스페인의 전쟁 때부터 생긴 커다란 표준 범주인 '그 외의 순직(비 교전 시)'에 대한 자세한 내용은 나와 있지 않다.

2   1945년 10월에 「당신과 원자폭탄」이라는 제목의 글에서 조지 오웰이 '냉전'이라는 용어를 사용하지만, 그 명칭이 대세가 된 것은 보통 1947년 4월 버나드 바루크의 연설을 통해서라고 본다. 그것을 월터 리프먼과 다른 기자들이 사용하면서 대중화되었다.

3   B. V. A. Röling, "The Tokyo Trial and the Quest for Peace," in *The Tokyo War Crimes Trial, An International Symposium*, ed., C. Hosoya et al. (Kodansha and Kodansha International, 1986), 130면.

4   Richard Overy, "Total War II: The Second World War," in *The Oxford Illustrated History of Modern War*, ed., Charles Townshend (Oxford University Press, 1977), 129~31면. 같은 책의 '공중전'에 대한 오버리의 글도 참조할 것.

5   민간인을 표적으로 삼는 미국 정책의 등장은 John W. Dower, *Cultures of War: Pearl Harbor / Hiroshima / 9-11 / Iraq* (Norton and

New Press, 2010)의 8장("Air War and Terror Bombing in World War II")에서 자세히 추적하고 있다.

6 미국의 국립 2차대전 박물관에서 사용한 짧은 요약으로는 David Mindell, "The Science and Technology of World War II"를 보라. learnnc.org 사이트에서 열람 가능.

3장 · 냉전의 핵공포

1 이러한 모순은 Tom Engelhardt, *The End of Victory Culture*, updated 2nd ed. (University of Massachusettes Press, 2009; originally published in 1995)에서 논의하고 있다.

2 '광인 이론'은 1998년부터 상당한 주목을 받기 시작했고, 덕 훅 작전에 대한 문서는 2005년에 기밀에서 해제되었다. 특히 다음을 참고하라. William Burr and Jeffrey P. Kimball ed., "Nixon White House Considered Nuclear Options Against North Vietnam, Declassified Documents Reveal: Nuclear Weapons, the Vietnam War, and the 'Nuclear Taboo,'" National Security Archive, July 31, 2006, nsarchive.gwu.edu 사이트에서 열람 가능; Burr and Kimball, *Nixon's Nuclear Specter: The Secret Alert of 1969, Madman Diplomacy, and the Vietnam War* (University of Kansas Press, 2015); Robert G. Kaiser, "The Disaster of Richard Nixon," *New York Review of Books*, April 21, 2016; H. R. Haldeman, *The Ends of Power* (Times Books, 1978; Kaiser의 "The Disaster of Richard Nixon"에서 인용); Scott D. Sagan and Jeremi Suri, "The Madman Nuclear Alert: Secrecy, Signaling, and Safety in October 1969," *International Security* 27, no.4 (Spring 2003), 150~83면. 마지막 논문은 '핵무기 외교'에 대한 정치학 문헌을 시험하기 위한 사례연구로 광인 이론을 이용한다.

3 기밀 해제된 문서 NSC 162/2 ("A Report to the National Security Council by the Executive Secretary on Basic National Security Policy, October 30, 1953)는 미국과학자연맹 웹사이트(hereafter fas.org)에서 확인할 수 있다.

4 Albert Wohlstetter, "The Delicate Balance of Terror," *Foreign Affairs*, January 1959.

5 2015년 조지워싱턴대 국가안보기록보관소가 어느정도 수정된 SAC 문서를 유용한 요약 해설과 함께 공개했다. William Burr, ed., "U.S. Cold War Nuclear Target Lists Declassified for First Time," National Security Archive Electronic Briefing Book no.538을 보라. nsarchive.gwu.edu.에서 열람 가능.

6 물리학자인 윌리엄 로버트 존스턴은 점점 늘어가는 자신의 '존스턴의 기록보관소' 웹사이트(johnstonsarchive.net) 안에 광범위한 '핵무기' 기록들을 집대성해놓았다. 핵무기 경쟁을 다루는 핵심 자료는 상당 부분이 자연자원보호위원회와『원자력 과학자 회보』에서 나온 것이다. 존스턴의 목록에 포함된 연대표는 1945년부터 시작하고, 전략핵탄두와 비전략핵탄두를 구분하며 미국과 소련/러시아 핵병기의 총 메가톤 양 또한 제공한다. 그것은 '핵무기 비축량: 누적 추정치' 항목에서 확인할 수 있다. Hans M. Kristensen and Robert S. Norris, "Global Nuclear Weapons Inventories, 1945-2013," *Bulletin of the Atomic Scientists* 69, no.5 (September-October, 2013)를 보라. 이 글 76면의 누적 도표는 2013년까지의 미국과 소련의 비축량을 포괄하지만 전략핵탄두와 전술핵탄두를 구분하고 있지는 않다. 무기 추정치는 출처에 따라 약간씩 차이가 있다. 이 책에 나오는 수치는 존스턴의 유용한 구분을 따른다.

7 Joint Chiefs of Staff, "Memorandum for the Secretary of Defense: Berlin Contingency Planning," June 26, 1961. 특히 1~5면과 20면. (53면짜리 이 메모는 치사율 추정치를 퍼센트로 제시하는데, 난 그 것을 1960년 당시 소련과 중국의 인구에 대비했다.) 그 메모는 2011년 11월에 기밀 해제되어 조지워싱턴대 국가안보기록보관소에 보관되었고 온라인으로 열람할 수 있다. 중국을 핵공격의 표적으로 삼은 데 대해서는, Hans M. Kristensen, Robert S. Norris, and Matthew G. McKinzie, *Chinese Nuclear Forces and U.S. Nuclear Planning* (Federation of American Scientists and Natural Resources Defense Council, November 2006), 특히 3장("China in U.S. Nuclear

War Planning"), 127~72면을 보라. fas.org에서 열람할 수 있다. 에릭 슐로서는 자신의 훌륭한 저작에서 미 핵 작전의 편집증적인 극단주의의 자세한 내용을 기록을 근거로 생생하게 그려 보인다. Eric Schlosser, *Command and Control: Nuclear Weapons, the Damascus Accident, and the Illusion of Safety* (Penguin Press, 2013). 특히 202~07면(21세기 초반까지 본질적으로 핵 표적을 규정했던 SIOP, 즉 정기적으로 갱신되는 극비의 단일통합작전계획이 1960~61년에 세워진 일)과 351~56면(전면적인 핵공격의 파괴적인 결과에 대한 종말론적인 비밀 예측)을 보라.

8 2차대전 중에 미국과 영국의 공군이 퍼부었던 폭탄 전체는 거의 340만톤이었다. 보통의 재래식 폭탄이 약 1톤의 TNT에 해당하는 양을 탑재했다. 일본 어선이 방사능에 노출되었던 1954년 비키니 환초의 핵실험은 전후 일본에 뒤늦게 반핵운동을 촉발시켰다.

9 Kristensen and Norris, "Global Nuclear Weapons Inventories, 1945–2013." 미국 핵실험 전체에 대한 목록으로는, US Department of Energy, Nevada Operations Office, *United States Nuclear Tests: July 1945 through September 1992*, December 2000. 185면짜리 이 보고서는 nnsa.evergy.gov에서 열람할 수 있다.

10 Johnston, "Nuclear Stockpiles"의 도표를 보라.

11 Amy F. Woolf, *U.S. Strategic Nuclear Forces: Background, Developments, and Issues* (Congressional Research Service, March 18, 2015). fas.org에서 열람 가능.

12 기밀 해제된 문서에 기초한, 미국이 외국에 배치한 핵무기에 대한 핵심적인 2차 자료는 다음과 같다. 1) *Bulletin of the Atomic Scientists*에 실린 Robert S. Norris와 William M. Arkin, William Burr의 논문 두편. "There They Were," (November/December 1999), 26~35면, "Where They Were: How Much Did Japan Know?" (January/February 2000), 11~13, 78~79면. 2) Robert Norris, "United States Nuclear Weapons Deployments Abroad, 1950–1977," Carnegie Endowment for International Peace (November 30, 1999). 내가 여기서 사용한 숫자 중 얼마간은 이 발표문에 실린 유용한 '태평양 해안가' 도표에서 가져온 것이다. 3) nautilus.org 사이트의 Hans Kristensen, *Japan Under the US Nuclear Umbrella* (Nautilus Institute for Security and Sustainability, July 1999).

13 S. L. Simon and W. L. Robinson, "A Compilation of Nuclear Weapons Test Detonation Data for U.S. Pacific Ocean Tests," *Healthy Physics* 73 (July 1997), 258~64면.

14 조약의 효력에 대한 국무부의 신중한 평가로는, Office of the Historian, "Milestones: 1961-1968 ─ The Limited Test Ban Treaty, 1963" 을 보라. history.state.gov에서 열람 가능. 중국과 프랑스는 1992년이나 되어서야 NPT를 조인했다. NPT는 이후 군축협상을 위한 길을 닦았는데, 가장 주목할 만한 것으로는 1969년에 시작되어 다른 합의들 중에서도 특히 1972년 쌍무적인 탄도미사일방어조약으로 이어졌던 전략무기감축협정(SALT I)이 있다.

15 핵 역량을 지닌 나라들에 대해서는, Arms Control Association, "The Status of the Comprehensive Test Ban Treaty: Signatories and Ratifiers," March 2014 (armsccontrol.org). 이 글에서 44개국의 나라들을 열거하는데, 그중 36개국이 CTBT를 조인했다. 또한 *Universal Compliance: A Strategy for Nuclear Security* (Carnegie Endowment for International Peace, June, 2007)의 도표(특히 figure 1.1과 table 1.1)를 보라. carnegieendowment.org에서 열람 가능. 그에 대한 또다른 자세한 내용에 대해서는 2장과 8장 참고.

16 '핵 금기' 개념은 억제적 사고를 핵전쟁을 피하는 핵심으로 상정하는 소위 현실주의적 주장에 대한 교정이나 보충의 역할을 한다. 그에 대한 주요 연구로는, Nina Tannenwald, *The Nuclear Taboo: The United States and the Non-use of Nuclear Weapons since 1945* (Cambridge University Press, 2007). 그보다 앞선 다음 논문에서도 마찬가지의 주장을 펼친다. "Stigmatizing the Bomb: Origins of the Nuclear Taboo," *International Security* 29, no.4 (2005), 5~49면.

17 "General Lee Butler's Speech and His Joint Statement with General Goodpaster," December 4, 1996. 그 연설문은 PBS 웹사이트(pbs. org)의 "American Experience"에 있다. Robert Green, "On Serendipity, Enlightened Leadership and Persistence" (자비로 출간한 Butler의 회고록인 *Uncommmon Cause: A Life at Odds with Con-*

vention (2015)에 대한 서평). Robert Kazel, "General Lee Butler to Nuclear-Abolition Movement: 'Don't Give Up,'" 2015년 인터뷰. 마지막 두 자료는 wagingpeace.org에서 열람할 수 있는데, 그 사이트 에는 그 외에도 인용할 만한 다른 버틀러의 설명이 많이 있다.

18 William J. Perry, *My Journey at the Nuclear Brink* (Stanford University Press, 2015). 특히 35면과 55면. 〔윌리엄 페리 『핵 벼랑을 걷다: 윌리엄 페리 회고록』, 정소영 옮김, 창비 2016, 111~12면〕

19 Schlosser, *Command and Control*, 327면. 실제 일어났거나 잠재적인 핵관련 사고에 대한 슐로서의 예리한 연구서에 대한 긴 서평으로는, Louis Menard, "Nukes of Hazard," *New Yorker*, September 30, 2013.

20 Seth Baum, "Nuclear War, the Black Swan We Can Never See," *Bulletin of the Atomic Scientists*, November 21, 2014. 그보다 집중적인 '일촉즉발의 위기 시각표'는 1956년과 2010년 사이에 26번의 사고를 표시하는데, 그중 23번이 1956년에서 1983년 사이에(9번이 1962년 10월 꾸바 미사일 위기 중에) 일어났다. futureoflife.org의 "Accidental Nuclear War: A Timeline of Close Calls"를 보라.

21 반세기 후에 『뉴욕타임즈』가 빨로마레스 상공의 공중 충돌에 대해 길게 다뤘다. David Philipps, "Decades Later, Sickness Among Airmen After a Hydrogen Bomb Accident," *New York Times*, June 19, 2016과 Raphael Minder, "Even Without Blast, 4 Hydrogen Bombs from '66 Scar Spanish Village," *New York Times*, June 20, 2016을 보라. 1966년 사고는 빨로마레스 사고에 뒤따랐던 방식의 처리작업 뿐 아니라 미국 핵실험 중에 방사능에 노출된 미국의 '핵 퇴역군인'과 '다운윈더'(방사능이 바람을 타고 불어오는 면에 살거나 머물렀던 사람들)라는 더 광범위한 문제를 환기시켰다.

22 Peter Hayes and Nina Tannenwald, "Nixing Nukes in Vietnam," *Bulletin of the Atomic Scientists*, May–June, 2003. Tannenwald, *The Nuclear Taboo* 등을 보라. 기밀 해제된 *Tactical Nuclear Weapons in Southeast Asia* 보고서도 여러 웹사이트에서 찾아볼 수 있다.

4장 · 냉전기의 전쟁들

1 2차대전 동안 미국과 영국의 공군이 퍼부은 340만톤의 폭탄 중에서 65만 4400톤이 태평양 전장에 떨어졌고 나머지는 유럽에 떨어졌다. 히로시마와 나가사키 이전에 미군이 공습으로 64개의 도시를 파괴했을 때 사용한 폭탄은 총 16만 800톤(태평양전쟁 전체 폭탄의 24퍼센트)이었다. U.S. Strategic Bombing Survey, *Summary Report (Pacific War)*, July 1, 1946, 16. 브루스 커밍스는 한국에 사용한 폭탄이 3만 2557톤의 소이탄을 포함하여 66만 7557톤이었다고 설명한다. *The Korean War: A History* (Modern Library, 2010), 159. 르메이 장군의 그 직설적인 언급은 Curtis E. LeMay with MacKinlay Kantor, *Mission with LeMay: My Story* (Doubleday, 1960), 382면에 나온다.

2 미국이 베트남과 캄보디아와 라오스에 떨어뜨린 폭탄은 보통 700만 톤으로 추정한다. 키신저 인용은 Elizabeth Becker, "Kissinger Tapes Describe Crises, War and Stark Photos of Abuse," *New York Times*, May 27, 2004를 보라. 엥겔하트의 논평은 그의 웹사이트 TomDispatch, June 7, 2016에 실려 있다.

3 2차대전 때 시작해서 한국전쟁과 말레이 비상사태를 거쳐 베트남전까지 이르는 에이전트 오렌지에 대한 간명한 계보로는 Judith Perera and Andy Thomas, "This Horrible Natural Experiment," *New Scientist*, April 18, 1985를 보라. 후대에 선천적 장애를 일으킬 가능성을 포함하여, 에이전트 오렌지에 노출되어 미 참전용사들이 겪은 장기적 질병과 장애에 대해 보훈부는 전쟁과 관련된 '추정 질병'이라는 항목에 넣어 이를 인정하고 있다.

4 Alex P. Schmid and Ellen Berends, *Soviet Military Interventions since 1945* (Transaction Books, 1985). 저자는 대충 소련의 '개입'으로 정의한 경우로 44건을 들고 있지만 그중 몇 경우에만 집중해서 사례연구를 하고 있다. 본문에 언급된 예와 치명적이었던 아프가니스탄에 대한 마지막 개입 외에, 그리스 내전(1944~49) 당시의 '불간섭,' 이란(1945~46), 오스트리아 점령(1945~55), 한국전쟁(1950~53)이 그에 포함된다. 위키피디아에 실린 '1945~89년의 전쟁 목록'은 다음 10건의 '전쟁'에 대한 소련의 참전을 상세하게 기술한다. 동독(1953),

형가리(1956), 에리트레아(1961), 체코슬로바키아(1968), 중소 국경 분쟁(1969), 인도-파키스탄 전쟁(1971년, 인도를 지원), 에티오피아 내전(1974~91), 앙골라 내전(1975~2002), 에티오피아-소말리아 전쟁(1977~78, 에티오피아 지원), 아프가니스탄(1979~89).

5 Ahmed Rashid, "Pakistan: Worse Than We Knew," *New York Review of Books*, June 5, 2014.

6 이란-이라크 전쟁에서 이라크를 지원하는 중에도 미국은 1985년과 1986년에 이스라엘을 통해 2000기 이상의 대탱크미사일과 대공미사일을 이란에 판매하려는 비밀스러운 거래를 했다. 곧 폭로되어 '이란-꼰뜨라' 스캔들로 널리 알려진 이 거래에서 미국이 원했던 것은 1) 이란에 억류된 7명의 미국 인질을 풀어주도록 이란을 설득하고, 2) 그 무기판매 이익으로 니까라과의 산디니스따 좌파정권과 대항해 싸우는 우익 '꼰뜨라' 반군에게 자금을 대는 것이었다.

7 한국전쟁과 베트남전, 소련-아프가니스탄 전쟁의 전투원과 비전투원 사망자의 총 수를 추정하는 일의 어려움은 주석이 달린 긴 위키피디아 항목을 보면 알 수 있다. "Civilian casualty ratio" "Korean War" "Vietnam War" "Vietnam War Casualties" "Soviet war in Afghanistan" 항목을 보라. 이란-이라크 전에 대해서는 2013년 10월 31일에 kurzmanunc.edu에 올라온 Charles Kurzman, "Death Tolls of the Iran-Iraq War"를 보라. 커즈먼은 추정 사망률을 제공하는 주요 사이트에 대한 링크를 제공하고, 전수조사자료를 보면 실제 총 사망자수는 상대적으로 낮은 공식적인 이란과 이라크의 추정치보다 낮을 수도 있다고 본다. 정의(定義)상, 수량상의 쟁점을 다루는 글로는, Bethany Lacina and Nils Petter Gleditsch, "Monitoring Trends in Global Conflict: A New Database of Battle Deaths," *European Journal of Population* 21 (2005), 145~66면.

8 예를 들어 위키피디아의 "중국 내전" 항목은 '사망자수' 대신 막연한 '사상자수'라는 용어를 사용하면서, 1945~49년 기간의 총 사상자수가 '600만명(민간인 포함)'이라고 적고 있다. 이 항목 아래에서 '군인과 민간인을 포함하여 전투 중에, 혹은 군사작전 중에 숨진 총계'를 포함하는 '전투 중 사망'에 대한 한 연구는 그 수를 120만명으로 추정한다. Lacina and Gleditsch, "Monitoring Trends in Global Conflict,"

154면.

9   1948년 유엔이 채택한 집단학살 방지와 처벌에 대한 협약(CPPCG)은 집단학살을 '전부이든 부분적으로든, 어떤 민족이나 종족, 인종, 종교적 집단을 말살하려는 의도로 자행되려는 행위'로 정의한다. 1946년 12월 유엔에서 도입된 96호 결의안은 '집단학살의 범죄'는 '인종적, 종교적, 정치적 집단이나 그 외 다른 집단이 전부 혹은 부분적으로 말살되었을 때'에 해당된다고 정의했었다. CPPCG에서 '정치적'이라는 문구가 삭제된 것은 소련과 다른 나라로부터의 압력 때문이었지만 많은 학자들과 활동가들은 여전히 1946년의 원래 정의를 따른다. 예를 들어 Ervin Staub, *The Roots of Evil: The Origin of Genocide and Other Group Violence* (Cambridge University Press, 1989), 8면을 보라. 1945년 이후의 집단학살 목록들이, 많은 경우 중국이나 예전의 소련, 캄보디아, 인도네시아, 북한 같은 나라들에서 벌어진 정치적 대량학살을 포함하는 것은 이런 이유에서다. 집단학살을 막는 일에 열성적으로 나선 몇몇 감시단체들은 보고서를 작성할 때 정치적 살해가 포함되었음이 명백히 나타나도록 신경을 쓴다. 예를 들어 genocide-watch.org 사이트에서 열람할 수 있는 The International Alliance to End Genocide, "Genocides, Politicides, and Other Mass Murder Since 1945" (c.2010)를 보라. 현재의 목록은 전후에 벌어진 일 중 적어도 30건 이상을 집단학살로 규정한다. 예를 들어 ipahp.org의 Inter-Parliamentary Alliance for Human Rights and Global Peace (IPAHP), "Acts of Genocide since World War II" (c.2014)를 보라.

10   Monty G. Marshall, comp., "Major Episodes of Political Violence, 1946-2013," Center for Systemic Peace, Virginia. systemicpeace.org에서 열람 가능. 2014년 3월 27일에 업데이트된 이 상세한 목록의 주석에 CIA의 자금조달이 명시되어 있다.

11   Meredith Reid Sarkees, Frank Whelon Wayman, and J. David Singer, "Inter-State, Intra-State, and Extra-State Wars: A Comprehensive Look at Their Distribution over Time, 1816-1997," *International Studies Quarterly* 47, no.1 (2003), 49~70면. 이 논문은 전쟁 상관관계 프로젝트의 자료와 방법론에 대한 상세한 분석을 제공한다.

12   웁살라의 '전쟁' 기준은 1월 1일부터 12월 31일까지의 기간에 전쟁

관련 사망자가 1000명이어야 한다. UCDP 자료와 그 수량화에 적용된 핵심 용어와 개념을 확인하려면 Lotta Themner and Peter Walensteen, "Armed Conflict, 1946–2013," *Journal of Peace Research* 51, no.4 (2014)를 보라.

13 이 인용문은 Richard F. Grimmett, "Instances of Use of United States Armed Forces Abroad, 1798–2004," Congressional Research Service (report RL30172), October 5, 2004에 나온다. 해군역사센터 웹사이트인 au.af.mil에서 열람 가능. 이 CRS 보고서는 2010년 1월 27일 Grimmett에 의해 업데이트되어(RL32170) 1798~2009년의 기간을 포괄하게 되었고, 2016년 10월 7일에 다시 Barbara Salazar Torreon에 의해 업데이트되어(RL42738) 1798~2016년 기간을 포괄하게 되었다. 가장 최신 자료는 fas.org에서 확인할 수 있다.

14 Global Security 웹사이트인 globalsecurity.org의 '비밀작전' 항목은 81건의 비밀작전에 대해 기술한다. 32건의 개입을 중심으로 한 William Blum, "A Brief History of U.S. Interventions: 1945 to the Present," *Z Magazine*, June 1999도 보라. *Killing Hope: US Military and CIA Interventions Since World War II* (Common Courage Press, 1995)에서 블럼은 70건의 '극도로 심각한 개입'을 환기시킨다. Tim Weiner, *Legacy of Ashes: The History of the CIA* (Doubleday, 2007)도 보라. 제목에서 알 수 있듯이 와이너는 비난받을 만한 활동에 관여했다는 것만큼이나 그 무능함 때문에 CIA에 대해 비판적이다.

15 「간단한 야전교범」이라는 OSS 책자 원본은 2012년에 CIA에 의해 기밀에서 해제되어 온라인상에서 쉽게 찾아볼 수 있다. 니까라과에서 배포하기 위해 CIA가 마련한 삽화가 들어간 방해공작 책자에 대해서는 5장에서 다시 논한다.

16 카오스 작전은 1973년에 종결되었고, Seymour Hersh가 쓴 기사인 "Huge C.I.A. Operation Reported in U.S. Against Antiwar Forces, Other Dissidents in Nixon Years," *New York Times*, December 22, 1974에서 공개적으로 드러났다. 감시를 받았던 단체는 마지막에 천여 곳에 이르렀다.

17 Coleman McCarthy, "The Consequences of Covert Tactics," *Wash-*

ington Post, December 13, 1987. 이 단체의 이름은 '책임있는 반대자 협회'이고 대표는 존 스톡웰이었다. 그는 앙골라와 콩고와 베트남의 CIA 요원으로 활동했고 한때는 국가안보국 소위원회에도 참여했었다. 1980년대 중반에 스톡웰은 여기저기를 다니며 'CIA의 비밀 전쟁'이라는 제목의 긴 공개강연을 했는데, 그것은 온라인상에서 여러 형식으로 찾아볼 수 있다. CIA 작전으로 인해 600만명의 사망자가 발생했다는, 『워싱턴포스트』에서 인용한 막연한 추정은 베트남전이나 1965~66년에 인도네시아에서 있었던 공산주의자라는 명목의 대량학살 같은 중요 유혈사태들에 공모한 것을 포함한 것으로 보인다.

18 카터의 국정연설의 핵심 부분은 다음과 같다. "지금 아프가니스탄에서 소련에 의해 위협받는 지역은 전략적으로 대단히 중요한 곳입니다. 거기에는 전세계로 수출 가능한 석유의 3분의 2가 매장되어 있습니다. 소련이 아프가니스탄을 지배하려고 애쓰면서 소련 병력이 인도양에서 300마일 내까지, 호르무즈 해협 가까이까지 들어왔는데, 그곳은 전세계 석유 대부분이 수송되는 물길입니다. 따라서 소련은 중동 석유의 자유로운 이동에 심대한 위협을 가하는 전략적 위치를 공고히 하려는 것입니다." 이 연설 후반에서는 이런 주장도 있었다. "이란과 아프가니스탄의 위기는 아주 중요한 교훈을 극적으로 보여줬습니다. 즉 우리가 외국의 석유에 지나치게 의존하는 것은 우리 민족이 당면한, 안보에 대한 명백한 위험이라는 사실 말입니다." 카터 독트린은 대통령의 국가안보보좌관이었던 즈비그뉴 브레진스키가 주로 작성했다.

19 the Naval History and Heritage Command 사이트(history.navy.mil)의 "History of the U.S. Navy" (n.d.)의 한 부분인 Michael A. Palmer, "The Navy: The Transoceanic Period, 1945–1992."

20 아프가니스탄의 반소 작전에 대한 브레진스키의 설명에 대해서는 nsarchive.gwu.edu의 "Interview with Dr. Abigniew Brzezinski (13/6/97)를 볼 것.

21 1980년 8월 18일 시카고에서 있었던 해외참전용사 컨벤션에서의 연설. Ronald Reagan, "PEACE: Restoring the Margin of Safety." 레이건 도서관(reaganlibrary.archives.gov)이나 캘리포니아 샌타바버라대 The American Presidency Project 웹사이트(presidency.ucsb.

edu)에서 열람할 수 있다. 보수세력들이 지금까지도 소중히 여기는 '베트남 증후군' 주장은 몇가지 점을 간과한다. 첫째로는 하루가 멀다 하고 TV와 탐사보도를 통해 미국 가정에 전해졌던, 베트남에서의 미군의 잔악행위이고, 두번째로는 미군 전사자들에 대해 해가 지나도록 계속해서 요란하게 떠들어댄 것인데, 생존자들도 많은 수가 정신적 상해를 입었기 때문에 상황은 더 안 좋았다. 세번째로는 미군이 전쟁에 참전한 이유였던 남베트남 정부의 타락과 부패상이 조금씩 끊임없이 드러나게 되었다는 점이다. 전쟁이 장기화되면서 미 전투병력의 기강과 사기가 서서히 약해져 군대 내에서도 불화와 붕괴에 대한 우려가 점점 커져가게 되었다. 여기에 북베트남군이나 남쪽의 민족해방전선(베트콩) 세력이 예상 밖으로 탄력적이고 강인했다는 점도 추가할 수 있다.

22 Greg Schneider and Renae Merle, "Reagan's Defence Buildup Bridged Military Eras: Huge Budgets Brought Life Back to Industry," *Washington Post*, June 9, 2004.

23 "Launching the Missile That Made History," *Wall Street Journal*, October 1, 2011.

24 Francis X. Clines, "Military of U.S. 'Standing Tall,' Reagan Asserts," *New York Times*, December 13, 1983. 사반세기가 지나서 출판된, 그레나다 침공에 대한 짧은 군 출판물도 베트남의 암울한 그림자에서 벗어났다는 점을 다시 한번 찬미했다. 마지막 문단에서 결론을 지으면서, 각 군 사이의 협동에 문제가 있기는 했지만 "그 작전은 성공했고, 미국이 '베트남 증후군'에서 회복하기 시작했음을 각 군과 전 세계에 알리는 상징적 역할을 했다"고 쓰고 있다. *Operation Urgent Fury: The Invasion of Grenada, October 1983* (U.S. Army Center of Military History, 2008), 36.

5장 대리전과 대리테러

1 John H. Coatsworth, "The Cold War in Central America, 1979-1991," in Mervyn Lefler and Odd Arne Westad, eds., *The Cam-*

bridge History of the Cold War, vol. 3 (Cambridge, 2010), 220.

2 "Alleged Assassination Plots Involving Foreign Leaders," interim report of the Select Committee to Study Governmental Operations with Respect to Intelligence Activities, US Senate (1975), 71면. 이 위원회는 의장인 프랭크 처치 상원의원의 이름을 따서 '처치 위원회'로 더 잘 알려져 있다.

3 Timothy J. Kepner, "Torture 101: The Case Against the United States for Atrocities Committed by the School of the America," *Dickinson Journal of International Law* 19 (Spring 2001). 이 글은 SOA에 대한 방대한 비판적 자료를 이용하고 있다. 1996년 암스테르담에서 열린 엠네스티 국제영화제에서는 SOA 관련 다큐멘터리 「암살학교의 내부」가 상영되었다. 또다른 기소장에 대해서는 Bill Quigley, "The Case for Closing the School of the Americas," *Brigham Young University Journal of Public Law* 20, no. 1 (May 2005)을 보라.

4 꼰도르 작전에 대한 미국의 지원을 국가지원 테러와 '대리 테러'의 커다란 맥락에 놓고 자세하게 분석한 글로는 J. Patrice McSherry, "Operation Condor: Clandestine Inter-American System," *Social Justice*, Winter 1999를 보라. 온라인상에서 찾아볼 수 있다. 간결하게 요약해놓은 같은 저자의 논문인, "Operation Condor: Cross-Border Disappearance and Death," TeleSUR, May 25, 2015 (telesurtv. net)도 보라. 여기에는 꼰도르 작전에 의해 "사망했거나 '실종'되었다고 추정되는" 약 5만명의 인원을 남아메리카 국가별로 분류한 훌륭한 지도도 들어 있다. 이 잔혹행위의 대부분이 아르헨띠나와 칠레에서 벌어졌다. 맥셰리는 *Predatory States: Operation Condor and Covert War in Latin America* (Lowman and Littlefield, 2005)의 저자다. 엘살바도르에서 벌어진 가장 악명 높은 '더러운 전쟁' 중 학살과 관련한 미국의 공모와 은폐를 다룬 뛰어난 조사 보고서로는, Mark Danner, *The Massacre at El Mozote: A Parable of the Cold War* (Vintage/Random House, 1994)가 있다.

5 본문에서 언급된 스페인어 SOA 매뉴얼은 전부 미 군사학교 감시단 웹사이트(soaw.org)에서 열람할 수 있다. 많은 부분을 번역 인용한, 그

매뉴얼에 대한 비판적 요약으로는 Latin American Working Group, "Declassified Army and CIA Manuals"(at lawg.org)를 보라. 여기, 그리고 나중에 본문에서 사용한 인용 중 일부는 후자에서 가지고 왔다. '가난한 사람들의 대의'는 Gail Lumet Buckley, "Left, Right and Center," *America*, May 9, 1998에 나온 것이다.

6 *Psychological Operations in Guerilla Warfare* (꼰뜨라 반군을 위한 스페인어 번역은 *Operciones sicologicas en guerra de guerrillas*)는 CIA 웹사이트에서 열람할 수 있는데, 내가 사용한 것은 fas.org에 올라 있는 것이다. Evan Thomas, "How to 'Neutralize' the Enemy," *Time*, October 29, 1984.

7 만화책 스타일 책자인 *Manual del combatiente por la lebertad* (영어 문헌으로는 The Freedom Fighter's Manual)와 그 영어번역본은 여러 웹사이트에서 찾아볼 수 있다.

8 이 자료들은 다음 웹사이트에서 전체, 혹은 일부분을 열람할 수 있다.

1 기밀 해제된 CIA 매뉴얼 KUBARK Counterintelligence Interrogation (July 1963)과 Human Resources Exploitation Training Manual(1983)은 the May 2014 National Security Archive (nsarchive.gwu.edu) 공개자료 중 "Prisoner Abuse: Patterns from the Past"를 보라. 여기에는 2014년에 공개된 「쿠바크 방첩심문」이 포함되어 있는데, 여전히 CIA가 수정한 부분이 있지만 1997년에 기밀에서 해제된 앞서의 문건보다는 수정 정도가 덜하다.

2 국가안보기록보관소 공개 자료에는 또한 7개의 SOA '고문 매뉴얼'과 관련된 2개의 짧은 기밀 해제된 표제가 있다. 그중 하나인 1991년 표제의 자료에는 1982년부터 SOA에서 가르쳤고 소위 테러 매뉴얼을 작성했던 빅터 타이스 소령과의 대화가 기록되어 있다. "Document 4: DOD, USSOUTHCOM CI Training—Supplemental Information, CONFIDENTIAL, 31 July, 1991"을 보라. 타이스는 카터 행정부가 '다른 나라의 인권 침해의 한 원인을 제공하게 될 거라고 우려했기에' 방첩 훈련과정을 중단시켰다고 적고 있다.

3 스페인어로 작성된 7개의 SOA 매뉴얼은 전부 soaw.org의 "SOA Manuals Index"를 통해 열람할 수 있다.

4 2개의 CIA 매뉴얼과 7개의 SOA 매뉴얼은 lawg.org의 Latin

America Working Group, "Declassified Army and CIA Manuals"
에서 길게 인용하면서 분석하고 있다.

5　더 길게 분석한 자료에는 Linda Huagaard, "Textbook Repression: US Training Manuals Declassified," c.1997 (at mediafilter. org)이 있다.

6　The Federation of American Scientists 사이트(fas.org)의 "Report on the School of the Americas," March 6, 1997.

7　『워싱턴포스트』는 7개 SOA 매뉴얼이 11개국 '수천명'의 장교들에게 배포되었다고 보도했다. Dana Priest, "U.S. Instructed Latins on Executions, Torture," *Washington Post*, September 21, 1996.

9　이 '대여론 외교' 인용문의 출처는 여러 곳이다. 하나의 견본으로, 1991년과 1992년에 SOA 매뉴얼이 처음 검토에 들어갔을 때 국방부가 공식적으로 보인 반응을 보라. "Fact Sheet Concerning Training Manuals Containing Materials Inconsistent with U.S. Policy" (National Security Archive, "Prisoner Abuse"에 재수록). Kepner, "Torture 101"도 보라.

10　Barbara Jentzsch, "School of the Americas Critic," *Progressive*, July 1, 1992.

11　나는 *War Without Mercy: Race and Power in the Pacific War (Pantheon, 1986)*에서 2차대전 당시 일본의 '민족성' 연구를 위해 사회과학 전문가들을 동원한 일을 다루었다. 매뉴얼을 역사적 맥락에서 다룬 뛰어난 분석으로는 *James Hodge and Linda Cooper, "Roots of Abu Ghraib in CIA Techniques," National Catholic Reporter*, November 5, 2004를 보라.

12　McSweeny, "Operation Condor"; Kepner, "Torture 101."

13　Coatsworth, "The Cold War in Central America," 216~21면.

6장 · 신 세계질서와 구 세계질서: 1990년대

1　Frank N. Shubert and Theresa L. Kraus, ed., *The Whirlwind War: The United States Army in Operations DESERT SHIELD and DESERT*

STORM (Center of Military History, United States Army, 1995).

2 영향력 있는 미 전략해설자인 앤서니 H. 코즈먼은 9·11 이전에 이렇게 쓴 바 있다. "걸프전은 현대 전쟁의 면모를 재형성했다. 그것은 합동작전과 빠른 속도로 진행되는 공중 작전과 기갑작전, 정밀타격 시스템, 야간과 전천후 전쟁수행능력, 정교한 전자전쟁과 지휘와 통제 역량, 그리고 전선에서 한참 떨어진 후방의 표적까지 타격할 수 있는 능력 등의 중요도가 급증했음을 입증하며 군사혁신의 시작을 알렸다." John Whiteclay Chambers II, ed., *The Oxford Companion to American Military History* (Oxford University Press, 2000)에 실린 그의 "The Persian Gulf War"를 보라.

3 작전 중 가장 중요한 위치에 있는 공중전에서 재래식 관행과 기술적 혁신이 맞물려 있는 상황을 강조한 상세한 공식 분석(296면에 달하는)으로는, Thomas A. Keaney and Eliot A. Cohen, *Gulf War Air Power Survey: Summary Report* (Historical Studies Division, Department of the Air Force, 1993), 특히 10장 ("Was Desert Storm a Revolution in Warfare?"), 235~51면을 보라. 온라인에서 찾아볼 수 있다.

4 Michael G. Vickers and Robert C. Martinage, *The Revolution in War* (Center for Strategic and Budgetary Assessments, December 2004). 227면에 달하는 이 긴 보고서는 군사상 혁신에 대한 훌륭한 기술적 개관이다. 여기 실은 인용문은 첫 부분인 "Executive Summary"에 나온다. 같은 싱크탱크에 대한 재평가로는 Barry D. Watts, *The Maturing Revolution in Military Affairs* (Center for Strategic and Budgetary Assessments, 2011)를 보라.

5 다국적군의 항공기 손실에 대해서는 Department of Defense, "The Operations Desert Shield/Desert Storm Timeline," August 8, 2000을 보라. 국방부 웹사이트(defense.gov)에서 열람할 수 있다. '100시간' 지상전 동안 파괴된 이라크 장비에 대한 추정치는 다양하지만, 엄청난 파괴였다는 데에는 모두 동의한다. 코즈먼은 「페르시아 걸프전」에서 대략 3200대의 탱크와 그 외 다른 기갑 차량 900대 이상, 그리고 2000개 이상의 대포가 파괴되었다고 본다.

6 Eric Rouleau, "The View from France: America's Unyielding Policy toward Iraq," *Foreign Affairs* 74, no. 1 (January/February 1995), 61~62면.

7 Keaney and Cohen, *Gulf War Air Power Survey*, 특히 46, 69, 71~77, 118~19, 218~21, 248~51면. '무혈'에 대한 언급은 250면.

8 미 사망자 추정치는 근거로 삼는 자료에 따라 약간씩 다르다.

9 Beth Osborne Daponte, "A Case Study in Estimating Casualties from War and Its Aftermath: the 1991 Persian Gulf War," *PSR Quarterly* (June 1993), 57~66면. 인구통계학자로 정부에서 일했던 더폰트는 미국이 다시 이라크를 침공한 2003년에 기자들과 인터뷰를 했다. "Toting the Casualties of War," *Businessweek*, February 5, 2003을 보라. 또한 Jack Kelly, "Estimates of deaths in first war still in dispute," *Pittsburgh Post-Gazette*, February 16, 2003도 이다. post-gazette.com 사이트에서 열람할 수 있다. 걸프전 이후 10년 이상 이라크에 대한 경제제재가 이어졌을 때, 과도한 질병 사망률(특히 유아 사망률) 문제가 커다란 논쟁거리가 되었다. 이는 John W. Dower, *Cultures of War: Pearl Harbor / Hiroshima / 9-11 / Iraq* (Norton and New Press, 2010), 90~93면에서 주석과 함께 논하고 있다.

10 *War in the Persian Gulf: Operations Desert Shield and Desert Storm, August 1990-1991* (Center of Military History, U.S. Army, 2010). 인용된 부분은 v면과 1면에 나온다.

11 *Public Papers of the Presidents of the United States: George H. W. Bush, 1991* (Government Printing Office, 1992), 197면과 207면.

12 1990년 9월 11일, 그리고 1991년 1월 16일과 29일 있었던 부시 대통령의 연설은 미 대통령의 공적 문서를 다 망라하여 제공하는 여러 웹사이트에서 열람할 수 있다. 국가기록관(archives.gov) 사이트 내의 "Public Papers of the Presidents"와 presidency.ucsb.edu도 그중의 하나다.

13 1990년대 '군사상 혁신'이라는 수사에 대한 이 문장은 다양한 온라인 자료들에 기초한 것인데, 그중 주요한 예는 다음과 같다. General Accounting Office, *Joint Military Operations: Weaknesses in DOD's Process for Certifying C4I Systems Interoperability* (March

1998); Vickers and Martinage, *The Revolution in War*; fas.org 사이트의 Watts, *The Maturing Revolution in Military Affairs*; U.S. Navy, *Copernicus — Forward: C4I for the 21st century* (June 1995); dtic.mil 사이트의 Defense Techinical Information Center, *C4I for the Warrior — Global Command & Control System: From Concept to Reality* (1996); 역시 dtic.mil 사이트의 Admiral William A. Owens, "The Emerging U.S. System-of-Systems," Institute for National Strategic Studies, National Defense University, *Strategic Forum*, no. 63 (February 1996); usni.org 사이트의 Vice Admiral Arthur K. Cebrowski and John J. Garstka, "Network-Centric Warfare: Its Origin and Future," U.S. *Naval Institute Proceedings*, January 1998; jhuapl.edu 사이트의 William H. J. Manthorpe Jr., "The Emerging Joint System of Systems: Engineering Challenge and Opportunity for APL," *Johns Hopkins APL Technical Digest* 17, no. 3 (1996) (APL은 고급물리학연구소의 줄임말); tscm.com 사이트의 Central Security Service, National Security Agency, *Maritimes SIGINT Architecture Technical Standards Handbook, Version 1.0: Maritime Information Dominance for America* (March 1999).

14 두 JCS 문서는 온라인상에서 쉽게 찾아볼 수 있다. *Joint Vision 2010: America's Military — Preparing for Tomorrow* 중에서는 특히 2, 11~14, 25~28면을 보라. 여기 인용된 문장은 「공동 비전 2010」(*Joint Vision 2010*)의 6면에 나온다.

15 Manthorpe, "Emerging Joint System of Systems"; Owens, "Emerging U.S. System-of-Systems."

16 이렇게 불안을 조장하는 군 문헌과 군 관련 출판 문헌을 이용하는 주석 달린 해설로는 1996년에 해병대 지휘 및 참모 대학에 제출된 비기밀문서인 다음의 문서를 참고하라. Major Charles L. Hudson, "Remaining Relevant in the 21st Century" (Defense Technical Information Center). dtic.mil 사이트에서 열람할 수 있다.

17 John A. Tures, "United States Military Operations in the New World Order," *American Diplomacy*, April 2003. 튜리즈에 따르면,

냉전 종식 후 군사작전의 48퍼센트가 유엔 승인하에 이루어졌고, 28퍼센트가 나토와 공조하여(많은 경우 유엔의 지지도 동시에 받아) 이뤄졌다.

18 Andrew J. Bacevich, "Even If We Defeat the Islamic State, We'll Still Lose the Bigger War," *Washington Post*, October 3, 2014.

19 탐디스패치 사이트의 Chalmers Johnson, "America's Empire of Bases," January 15, 2004. 존슨이 적은 펜타곤 추정치는 2003 재정년도의 국방부 『기지구조 보고서』에서 따온 것이다. 위 논문은 *The Sorrows of Empire: Militarism, Secrecy, and the End of the Republic*에서 그가 개진한 주장을 요약한 것이다.

20 새로운 '연안 지역' 임무를 강조하는 기본적인 해군 출판물로는 다음과 같은 것들이 있다. au.af.mil 사이트에서 열람할 수 있는 (…) From the Sea: Preparing the Naval Service for the 21st Century의 1992년 9월 백서; dtic.mil 사이트의 *Forward* (…) *from the Sea*, 1994; navy.mil 사이트의 Forward (…) from the Sea: The Navy Operational Concept, March 1997. 해병대의 경우 마이엇 장군의 '연안 지역의 혼란' 공식은 1997년 해병대 전투연구소가 도입한 훈련 프로그램인 '도심지 전사'(Urban Warrior) 작전의 기틀을 놓는 데 일조했다. 이것은 복잡한 정치적, 사회적, 종교적 갈등과 부족 간의 갈등을 예견할 수 있는 '도심지 연안 지역'('콘크리트 정글'이라고도 부르는)에서의 전투에 중점을 두었다. (도심지 전사 로고는 인구가 밀집된 해안 지역 위로 거대하게 몸집을 드러낸 포악한 바다괴물이다.) 한 해병대 장교에 의한 1990년대의 연구에 따르면 '연안 지역'은 '바다에서 200마일 거리의' 내륙까지 포괄하는 것으로 여겨졌다고 한다. Hudson, "Remaining Relevant."

21 '남부감시'(Southern Watch) 작전이라는 암호명으로 불린 '비행금지구역' 작전은 미 중부사령부의 지휘하에서 이뤄졌고 1992년에서 2001년 사이에 이라크 상공으로 15만번 이상 비행했다. 사우디아라비아에는 약 5000명 정도의 미군 병사가 주둔하고 있었다. 사우디아라비아에서 태어난 빈라덴은 그곳에 미군 병력이 주둔하는 신성모독 행위에 대해 기회가 있을 때마다 분노를 표현했는데, 가장 유명한 것이 1996년에 내린 장문의 파트와〔이슬람 법에 따른 명령이나 결정 — 옮

간이)다. 그는 단언하기를 "마호메트가 세상을 뜬 이후로 이슬람교도가 자초한 이 침략 중에서 가장 최근의, 가장 극악한 것이 바로 이슬람교의 기반인 두 성지(메카와 메디나)의 땅을 점령한 일이다." 다른 사이트들도 많지만 pbs.org에서도 열람할 수 있다.

7장 · 9·11과 '새로운 유형의 전쟁'

1 9·11에 대한 언론 기사에서 잘 알려진 「전세계 공격 매트릭스」가 처음 공개된 것은 Bob Woodward & Dam Balz, "At Camp David, Advise and Dissent," *Washington Post*, January 31, 2002에서다. 럼즈펠드의 말은 BBC News 사이트의 "America Widens 'Crusade' on Terror," September 16, 2001을 보라. 체니의 유명한 '어두운 쪽' 운운은 2001년 9월 16일 NBC와의 인터뷰에서 나왔다.

2 Louise Richardson, *What Terrorists Want: Understanding the Enemy, Containing the Threat* (Random House, 2006), 167면. 2011년에 영국의 국가정보기관인 M15의 전 기관장이었던 일라이저 매닝엄-불러가 9·11을 '전쟁이 아니라 범죄'라고 정의하면서 '테러와의 전쟁을 거론하는 게 도움이 된다는 생각을 한 적이 없다'고 단언했을 때도 비슷한 정서를 보인 것이었다. 그녀는 테러리즘 작전은 결코 군사적으로 해결할 수 없다고 말했다. Richard Norton-Taylor, "M15 Former Chief Decries 'War on Terror,'" *Guardian*, September, 1, 2011.

3 이 충돌의 초기단계—9·11에서 아프가니스탄과 이라크 침공을 거쳐, 테러와의 전쟁이 수렁이 되어간다는 게 분명해진 2004년경까지—에 고위층은 그릇된 비유와 더불어 2차대전을 끌어왔는데, 그들 자신은 그것이 진심으로 적절하다고 믿는 듯했다. 거기에서 의도적으로 연출된 '버섯구름'의 망령을 암시함으로써 그 효과가 강화된 '대량살상무기'가 핵심적 자리를 차지한다. 부시 대통령은 이라크와 이란과 북한으로 구성된 '악의 축'이 진정한 전지구적 위협이라는 그 유명한 주장을 통해 2차대전의 추축국을 환기시켰다. 이라크 침공은 1945년 이후 연합군이 독일과 일본을 점령했던 일과 비교되었다. 이라크

점령 지역에서 수니파와 바트당 공무원과 관료 들을 모두 축출한 일, 아주 효과적으로 통치력을 제거하여 미래의 반란의 씨를 뿌렸던 그 참담한 정책은 명백히 독일 점령지에서 있었던 '탈 나치화'를 본 딴 것이었다. 2003년 5월 1일, 부시 대통령이 '임무 완성'이라는 펼침막 아래에서 때 이르게 이라크에서의 승리를 선언했을 때 그 무대 연출가들이 캘리포니아 앞바다에 떠 있는 항공모함에서 그 장면을 연출한 것은, 1945년 9월 더글러스 맥아더 장군이 토오꾜오만의 전함 '미주리 호' 위에서 일본의 항복을 받아낸 것을 그대로 모방한 것이었다.

4   '식은 죽 먹기'(cakewalk)라는 표현은 국방정책이사회 자문위원회의 신보주의 자문위원인 켄 애들먼에게서 나왔다. 2002년 2월 13일 ("Cakewalk in Iraq")과 2003년 4월 10일("Cakewalk Revisited")에 『워싱턴포스트』에 실린 그의 특별 기고문 참조.

5   Donald Rumsfeld, "A New Kind of War," *New York Times*, September 27, 2001. cbsnews.com 사이트의 John Esterbrook, "Rumsfeld: It Would be a Short War," CBS News, November 15, 2002.

6   럼즈펠드와 이라크전의 낭패에 대한 방대한 비판적 논평의 표본으로는 Mark Danner의 비평문 "Rumsfeld: Why We Live in His Ruins," *New York Review of Books*, February 6, 2014를 보라. 이 비평문은 Errol Morris의 인터뷰 다큐멘터리 *The Unknown Known*, Rumsfeld의 회고록 *Known Unknown" A Memoir*, 그리고 Bradley Graham, *By His Own Rules: The Ambitions, Successes, and Ultimate Failures of Donald Rumsfeld*에 대한 것이다.

7   윌리엄 매카츠가 번역한 *The Management of Savagery*의 전문은 온라인에서 찾아볼 수 있다. 스콧 에이트런, 맬리스 루스벤, 제이슨 버커 등의 학자들은 이슬람 테러리즘에 대해 '문명의 충돌' 식의 접근에 반대하면서 전지구적 테러리즘의 세속적이고 '합리적이고' 사회학적이며 경영방식을 따르는—비합리적이고 교조주의적이고 잔악한 면뿐 아니라—경향을 주목함으로써 통찰력을 보여주었다.

8   Anthony H. Cordesman, "The Real Revolution in Military Affairs," Center for Strategic and International Studies, 2014. csis.org에서 열람 가능.

9   salon.com 사이트의 Tim Shorrock, "The Corporate Takeover of

U.S. Intelligence," June 1, 2007; Dana Priest and William M. Arkin, "Top Secret America: A Hidden World, Growing Beyond Control," *Wahington Post*, July 19, 2010. 차트와 다른 그래프들을 비롯한 이 조사 보고서는 washingtonpost.com/topsecretamerica에서 볼 수 있다.

10 Ulrich Petersohn, "Privatizing Security: The Limits of Military Outsourcing," *CSS Analysis in Security Policy* (Center for Security Studies, ETH Zurich, September 2010). css.ethz.ch에서 열람할 수 있다.

11 Esther Pan, "Iraq: Military Outsourcing," Council on Foreign Relations, May 20, 2004. cfr.org에서 열람 가능. 자료에 대해서는 다음의 두 의회조사국 보고서를 참조하라. Moshe Schwarz and Joyprada Swain, "Department of Defense Contractors in Afghanistan and Iraq: Background and Analysis," May 13, 2011; Heidi M. Peters, Moshe Schwartz, and Lawrence Kapp, "Department of Defense Contractors and Troop Levels in Iraq and Afghanistan: 2007–2016," Augus 15, 2016. 병역의 사유화에 대한 문헌은 대단히 많다.

12 일찍이 '특별송환'에 대해 폭로했던 영향력 있는 글로는 Jane Mayer, "Outsourcing Torture: The Secret History of America's 'Extraordinary Rendition' Program," *New Yorker*, February 14, 2005가 있다. 그보다 나중에 쓰인, 216면짜리 자세한 분석으로는 opensocietyfoundations.org 사이트에서 열람 가능한 Open Society Justice Initiative, *Globalizing Torture: CIA Secret Detention and Extraordinary Rendition* (Open Society Foundations, 2013)을 보라. 이 보고서는 이 비밀작전에 CIA과 공모한 54개국과 심문을 당한 136명의 사람들을 명시하고 있다.

13 David M. Herzenhorn, "Estimates of Iraq War Cost Were Not Close to Ballpark," *New York Times*, March 19, 2008. 부시 대통령의 수석 경제자문위원인 로런스 B. 린지는 2002년 9월 『월스트리트저널』 인터뷰에서 전쟁비용이 다른 사람들이 얘기하는 것보다 더 들수도 있다고 말해서 비판을 받았다. 예를 들어 럼즈펠드는 이 말을 일축하면서 예산국에서 '대충 500억달러가 안 되는' 숫자를 내놓았다

고 말했다. 초반에 럼즈펠드와 다른 사람들이 전쟁비용을 과소평가한 것에 대해서는 Martin Wolk, "Cost of Iraq War Could Surpass $1 Trillion," NBC News, March 17, 2006을 보라. nbcnews.com에서 열람할 수 있다.

14 Linda J. Bilmes, "The Financial Legacy of Iraq and Afghanistan: How Wartime Spending Decisions Will Constrain Future National Security Budgets," March 2013, Harvard Kennedy School Research Working Paper (RWP13-006). jks.harvard.edu에서 열람 가능. 이들 전쟁비용 중에서 으레 가려진 것들을 보충적으로 자세히 분석한 글로는 Neta C. Crawford, "U.S. Costs of War Through 2014: $4.4 Trillion and Counting," June 25, 2014를 보라. 브라운대의 왓슨 국제관계연구소 사이트인 watson.brown.edu에서 열람할 수 있다. 두 논문 모두 빽빽한 주석이 달려 있다. 두 논문은 액수를 적게 잡은 의회 예산국과 의회 조사국의 장부와 함께 Anthony H. Cordesman, *The FY2016 Defense Budget and US Strategy: Key Trends and Data Points* (Center for Strategic and International Studies, March 2, 2015), 45~52면에 실려 있다. 책정된 전쟁비용에 대한 관례적인 분석으로 자주 인용되는 글로는 Amy Belasco, "The Cost of Iraq, Afghanistan, and Other Global War on Terror Operations Since 9·11" (Congressional Reserach Service Report RL33110, December 8, 2014)이 있다. fas.org에서 열람 가능.

15 Costs of War 사이트의 Watson Institute for International and Public Affairs, Brown University, "US & Allied Killed," updated February 2015. "The Costs of War Since 2001: Iraq, Afghanistan, and Pakistan," updated April 2015. 2016년 1월 기준으로 이라크의 Body Count 웹사이트는 전사자를 포함한 총 사망자수를 25만 1000명으로 기록했다. 4만 7000건 이상의 '기록된' 사례에 대한 그 데이터베이스는 2003년 1월부터 전쟁폭력으로 인한 민간인 사망을 16만 3300명에서 17만 8849명 사이로 잡았다. 살던 곳을 떠난 인구에 대해서는 항목별로 정리한 자료인 "Annex Table 1" in UNHCR, *Global Trends: Forced Displacement in 2015*, 57~60면을 보라.

16 *Body Count: Casualty Figures after 10 Years of the "War on*

Terror"—*Iraq, Afghanistan, Pakistan*, 1st international edition, March 2015. 공동 작업을 통해 이 보고서를 발행한 단체들은 핵전쟁을 막기 위한 국제의사회(독일), 사회적 책임을 위한 의사회(미국), 전지구적 생존을 위한 의사회(캐나다)이다. 사회적 책임을 위한 의사회 웹사이트인 psr.org에서 열람할 수 있다. 이 보고서는 독일 그룹이 준비한 2014년 10월 판에 기초를 두었다. 이 역시 낮게 잡은 수치다. 위키피디아의 '테러와의 전쟁' 항목에는 이라크와 아프가니스탄의 '사망자'에 대한 아주 다양한 추정치들이 주석과 함께 소개되어 있다.

17 Costs of War 사이트의 Watson Institute for International and Public Affairs, Brown University, "US Veterans & Military Families," updated January 2015. 외상성 뇌손상에 대한 아주 최근의 연구로는 Alan Schwarz, "Research Traces Link Between Combat Blasts and PTSD," *New York Times*, June 9, 2016과 Robert F. Wroth, "What If PTSD Is More Physical Than Psychological?" *New York Times*, June 10, 2016을 보라.

18 ptsd.va.gov 사이트의 National Center for PTSD, "How Common Is PTSD?" (Department of Veterans Affairs, n.d.)에서 베트남전과 걸프전, 그리고 이라크와 아프가니스탄 전쟁에서의 PTSD의 발생 정도 추정치의 비율을 확인할 수 있다. 2015년 정부 연구의 도표에는 2000년에서 2015년 초까지 '외상성 뇌손상의 발생정도' 항목에 32만 7299명이라고 적고 있는데, 그중 대다수가 '경미하다'라고 되어 있다. Hannah Fischer, *A Guide to U.S. Military Casualty Statistics: Operation Freedom's Sentinel, Operation Inherent Resolve, Operation New Dawn, Operation Iraqi Freedom, and Operation Enduring Freedom* (Congressional Research Study, August 7, 2015), 4면. 1장의 PTSD와 TBI 자료도 참고.

19 Bilmes, "The Financial Legacy of Iraq and Afghanistan," 4~9면.

20 단기간의 걸프전도 걸프전 증후군이라고 불린 장애를 낳았는데, 광범위한 증상이었음에도 그에 대한 이해도 치료도 제대로 이뤄지지 않았다. 참전용사관리국은 그것을 "피로나 두통, 관절통, 소화불량, 불면증, 현기증, 호흡곤란, 기억력 장애를 포함하여 의학적으로 설명되지 않는 일단의 만성적 증상"이라고 설명한다. 원인이 될 만한 것으로는

유정(油井)의 화재나 전쟁터 소각장, 살충제, 백신, 혹은 다른 화학물
질에 대한 노출을 든다.

21 부시 대통령은 테러와의 전쟁을 자주 이렇게 불렀다. georgewbush-whitehouse.archives에 있는 "Remarks to the National Endowment for Democracy," October 6, 2005 ("이 전쟁은 공산주의에 대항한 투쟁을 닮았습니다")와 미정부출판국 사이트(gpo.gov)의 "Remarks on the Anniversary of Operation Iraqi Freedom," March 19, 2004 ("문명과 테러의 싸움에서 중립지대는 없습니다. 왜냐하면 선과 악, 자유와 노예, 그리고 삶과 죽음 사이에는 중립지대가 없기 때문입니다")를 보라.

22 2003년 다큐멘터리 영화는 수상경력이 있는 Errol Morris의 *The Fog of War: Eleven Lessons from the Life of Robert S. McNamara*다. errolmorris.com에서 각본을 열람할 수 있다. 이 인터뷰에서 맥나마라는 또한 자신이 1945년 일본의 집중폭격에 젊은 시스템 분석가로 참여했던 일을 얘기하면서 지금은 그것을 전쟁범죄로 본다고도 말한다.

23 Department of the Army, *Counterinsurgency* (FM 3-24), December 2006. 282면짜리 동일한 야전교범이 해병대에도(MCWP 3-33.5) 배포되었다. 기밀문서가 아니므로 온라인상에서 찾아볼 수 있다.

24 아프가니스탄에서의 소련의 패배를 반면교사로 삼지 못한 점, 대반란 작전을 등한시한 점, 그리고 이라크 침공에 대한 중간급 군 관계자과 민간 분석가들의 경고를 무시한 점은 Dower, *Cultures of War*, 127~32면에 나온다. 고위급에서 달갑지 않은 정보들을 무시하는 경향과 관련해서는, 2016년 7월 영국에서 공개된 「칠콧 보고서」(*The Report of the Iraq Inquiry*) 역시 유사하게 "이라크의 내분의 위험, 이란의 자국 이해관계의 적극적 추구, 지역적 불안정성, 이라크에서의 알카에다의 활동 등이 모두 침공 이전에 분명하게 적시되었지만" 토니 블레어 수상과 그의 최고 정책기획자들이 이를 무시했다고 결론 내린다. 그 웹사이트(iraqinquirty.org.uk)에 올라 있는, 그 보고서의 발행에 대한 2016년 7월 6일자 존 칠콧 경의 성명서를 보라. Jonathan Steele, "Trouble at the FCO," *London Review of Books*, July 28, 2016도 참고.

25 TV로 중계된 2006년 4월 18일 *Newshour with Jack Lehrer*의 General Jack Keane 인터뷰. John A. Nagel은 새로 개정된 *Counterin-surgency* 교범 머리말의 xiii~xv면에서 이것을 인용했다.

8장 · 불안정의 포물선

1 일본을 마지막 도미노 조각으로 언급한 것은 John W. Dower, "The Superdomino in Postwar Asia: Japan In and Out of the Pentagon Papers," Noam Chomsky and Howard Zinn eds., *The Pentagon Papers: The Senator Gravel Edition*, vol. 5 (Beacon Press, 1972), 101~42면.

2 National Intelligence Council, *Mapping the Global Future: Report of the National Intelligence Council's 2020 Project* (December 2004), 97, 117, 118면.

3 이 점을 보강해주는 비판적 글들이 최근에 많이 발표되었다. 일례로 탐디스패치 사이트의 Patrick Cockburn, "The Age of Disintegration: Neoliberalism, Interventionism, The Resource Curse, and a Fragmenting World," June 28, 2016.

4 Karen deYoung and Greg Jaffe, "U.S. 'Secret War' Expands Globally as Special Operations Forces Take Larger Role," *Washington Post*, June 4, 2010 ('75개국'의 경우). '150개국'의 경우로는 defense. gov 사이트의 Claudette Roulo, "Votel Takes Charge of Special Operations Command," *DoD News*를 보라. 탐디스패치에 글을 쓰는 탐사보도기자인 닉 터스가 오바마 행정부 기간에 이루어진 미국의 공개적·비공개적 작전에 대해 가장 신랄한 비판을 가했다. "A Secret War in 120 Countries" (August 3, 2011), "Obama's Arc of Instability" (September 18, 2011), "The Special Ops Surge: America's Secret War in 134 Countries" (January 16, 2014), "The Golden Age of Black Ops" (January 20, 2015), "Iraq, Afghanistan, and Other Special Ops 'Successes'" (October 25, 2015) 참조.

5 John Sifton, "A Brief History of Drones," *Nation*, February 27, 2012. 이 글은 첨단 표적살인이 처음에 어떻게 생겨났는지와 함께 그

명칭과 복잡한 심리를 다룬 통찰력 있는 글이다.

6 '키 큰 남자' 작전에 대해서는 Sifton, "A Brief History of Drones"를 보라. 파키스탄과 예멘, 소말리아에서의 드론 공격에 대해서는 영국 탐사보도국의 온라인 사이트(thebureauinvestigates.com)에 정기적으로 자료가 업데이트된다.

7 Scott Shane, "Drone Strikes Reveal Uncomfortable Truth: U.S. Is Often Unsure About Who Will Die," *New York Times*, April 23, 2015 (숫자에 대한). 탐디스패치 사이트의 Tom Engelhardt, "Who Counts: Body Counts, Drones, and 'Collateral Damage'(aka 'Bug Splat')," May 3, 2015 (인용된 문구).

8 Jay Solomon and Carol E. Lee, "Obama Contends with Arc of Instability Unseen Since '70's," *Wall Street Journal*, July 13, 2014.

9 Andrew F. Krepinevich, *The Quadrennial Defense Review: Rethinking the US Military Posture* (Center for Strategic and Budgetary Assessments, October 24, 2005), 4면. 2005년 9월 14일 미 하원의 군사위원회에서 「4년 주기 국방검토 보고서」(정부의 전략 평가)에 대해 크레피네비치가 한 증언도 참고할 것. 영향력 있는 그의 보고서는 전략과 예산 평가센터(CSBA) 웹사이트인 csbaonline.org에서 열람할 수 있다. CSBA는 미 정부와 군대와 밀접한 연계를 맺고 있는 독립적인 전략 싱크탱크다.

10 Hans Kristensen, *Nuclear Futures: Proliferation of Weapons of Mass Destruction and US Nuclear Strategy* ("Basic Research Report 98.2," British American Security Information Council, March 1998). nukestrat.com에서 열람 가능. 빽빽한 주석이 달린 이 보고서는 펜타곤의 내부 논쟁을 포함하여 핵 임무의 목적 재설정에 대해 꼼꼼히 분석하고 있다. Kristensen's "Targets of Opportunity," *Bulletin of the Atomic Scientists* (September/October 1997), 22~28면도 보라.

11 Kristensen, *Nuclear Future*, 12, 17, 20, 21면(부수적 피해에 대해), 19~20면(소형 핵무기에 대해), 22면('무기가 풍부한 환경'이라는 표현).

12 Policy Subcommittee, Strategic Advisory Group, US Strategic Command, "Essentials of Post-Cold War Deterrence" (1995). 타자

로 친 8면짜리 원본면지는 nukestrat.com 사이트에서 찾아볼 수 있다. 언급된 '대량살상무기'는 화학무기와 생물학적 무기를 포함하는데, 앞서 미국 자신은 사용하지 않기로 한 무기다.

13 예를 들어 군축협회 사이트(armscontrol.org)와 핵위협제거운동 사이트(nti.org), 미국과학자 연맹 사이트(fas.org)의 START I 관련 목록을 보라.

14 이 숫자는 johnsotnsarchive.net의 '핵무기' 부분에 실려 있는 표에서 따온 것이다.

15 2002년 「핵 태세 검토 보고서」는 기밀문서였지만, 2001년 12월 31일 의회는 상당한 분량의 발췌문을 볼 수 있었고, 이제는 globalsecurity.org 사이트에서 이를 확인할 수 있다. 대중국 정책에 대해서는, Kristensen, Norris and McKenzie, *Chinese Nuclear Forces and U.S. Nuclear Policy*를 보라.

16 한스 크리스텐슨은 이러한 계획과 보고와 관련해 문서에 근거한 일정을 두가지로 준비했다. fas.org 사이트에서 열람할 수 있는 "The Role of Nuclear Weapons in Reginal Counterproliferation and Global Strike Scenario," University of New Mexico workshop, September 2008 (이 문단에 나온 '전지구적 타격'이라는 표현은 이 글에서 따온 것이다)과, nukestrat.com 사이트에서 열람할 수 있는 "U.S. Nuclear Weapons Guidance," Nuclear Information Project, 2008 참조.

17 여기에서 다루지 않은, 미국의 핵 협정에 대한 짧은 요약으로는 Jonathan E. Medalia, *Comprehensive Nuclear Test-Ban Treaty: Background and Current Developments* (Congressional Research Service, September 29, 2014), 2~3면을 보라. fas.org에서 열람할 수 있다.

18 여기에 인용된 문장은 『월스트리트저널』에 기고한 다섯편의 공동 저작 논문 중에서 처음 두편인 "A World Free of Nuclear Weapons"(January 4, 2007)와 "Toward a Nuclear-Free World"(January 15, 2008)에서 나온 것이다.

19 "Message from the President on the New START Treaty," February 2, 2011.

20 공식적인 2015년 3월의 수치는 armscontrol.org 사이트에 있는 Arms Control Association, "Nuclear Weapons: Who Has What at a

Glance," April 2015를 보라. 그보다 약간 높은 2015년 자료에, 이해를 도울 만한 비평적 해설이 붙은 글로는 fas.org 사이트의 Federation of American Scientists, "Status of World Nuclear Forces," April 28, 2015 update이 있다.

21 William J. Broad and David E. Sanger, "U.S. Ramping Up Major Renewal in Nuclear Arms," *New York Times*, September 22, 2014.

22 Federation of American Scientists, "Status of World Nuclear Forces."

23 "The New Nuclear Age: Why the Risks of Conflict Are Rising," *Economist*, March 7-13, 2015. "Still on the Eve of Destruction," *Economist*, November 20, 2014 (special issue on "The World in 2015")도 참고.

24 Carnegie Endowment, *Universal Compliance: A Strategy for Nuclear Security*, tables 4.2 & 4.4(우라늄과 플루토늄 도표). 그레이엄 앨리슨도 여러 지역에서의 핵 테러리즘 가능성에 대해 언급했다. "A Response to Nuclear Terrorism Skeptics," *Brown University Journal of World Affairs* (Fall/Winter 2009), 31~44면. belfercenter. ksg.harvard.edu 사이트의 "Nuclear Terrorism Fact Sheet," Belfer Center for Science and International Affairs, Harvard Kennedy School도 보라.

9장 · 미국의 세기 75주년

1 무기판매에 대해서는 Catherine A. Theohary, *Conventional Arms Transfers to Developing Nations, 2007-2014* (Congressional Research Service, December 21, 2015), 특히 20면의 2007-10, 2011-14 원그래프를 보라.

2 실제로는 끝나지 않은 전쟁의 종결을 선언하는 데에는 어떤 명칭의 마법이라 할 만한 것이 개입되어 있다. 공식적으로, 아프가니스탄의 전쟁은 '지속적인 자유' 작전이라고 불렸고, 2001년 10월 7일부터 2014년 12월 28일까지 지속되었다. 2015년 1월 1일에 발효된 아프가

니스탄에서의 새로운 임무는 '자유의 파수꾼'(이것은 다시 나토군과의 '확고한 지원' 작전의 한 부분이었다)으로 명명되었다. '이라크의 자유' 작전이라고 명명된 이라크전쟁은 2003년 3월 19일부터 2010년 8월 31일까지 계속되었는데, 그 마지막 날 오바마 대통령이 미 군사임무의 종결을 선언했다. 2010년 9월 1일부터 시작된 이라크의 군사작전은 '새로운 새벽' 작전이었다. 2011년 12월 31일에 이라크전쟁은 공식적으로 종결되었음이 선언되었다. 전체적인 일정에 대해서는 Barbara Salazar Torreon, "U.S. Periods of War and Dates of Recent Conflicts"(Congressional Research Service, February 27, 2015)를 보라. 테러와의 전쟁이라는 용어의 사용을 중단하려는 오바마 대통령의 시도는 2013년 5월 23일 국방대학의 연설에서 볼 수 있었는데, 거기서 그는 이렇게 말했다. "우리의 노력을 한도 끝도 없는 '전지구적 테러와의 전쟁'이라고 정의해서는 안 됩니다. 그보다는 미국을 위협하는 폭력적 극단주의자들의 특정한 네트워크를 무력화하기 위한, 특정한 대상에 대한 일련의 지속적인 노력으로 보아야 합니다." 전문은 whitehouse.gov에서 확인할 수 있다.

3   "War in Afghanistan: The General's Words," *Economist*, June 11, 2016; Peters, Schwartz, and Kapp, "Department of Defense Contractor and Troop Levels in Iraq and Afghanistan"; Tom Vanden Brook, "New Rules Allow More Civilian Casualties in Air War against ISIS," *Military Times*, April 19, 2016 ("4만개 폭탄" 부분).

4   150면짜리 총괄개요와 12권의 기록문서, 그리고 보고서가 나온 2016년 7월 6일 조사위원회 의장인 존 칠콧 경이 내놓은 진술로 이루어진 「칠콧 보고서」 전체는 iraqinquiry.org.uk에서 열람할 수 있다. 하지만 이 보고서는 이라크 침공의 적법성 문제는 건드리지 않았다. 이 점에 대해서는 예를 들어 Philippe Sands, "A Grand and Disastrous Deceit," *London Review of Books*, July 28, 2016과 '21세기 전지구적 정의' 웹사이트인 richardfalk.wordpress.com의 Richard Falk, "Is Genocide a Controversial International Crime?" July 30, 2016을 보라.

220

228